高温超导限流器

主编　王　科　　曹昆南　　胡南南　　周年荣
参编　冯　峰　　黑颖顿　　盛　杰　马　仪　杨明昆　吴其红
　　　徐肖伟　　翟胜军　　刘光祺　马宏明　周兴梅　钱国超

U0243710

机 械 工 业 出 版 社

本书对目前国内外几个典型电阻型超导限流器的应用实例进行了详细阐述。书中通过对相关的文献、报告以及新闻公告等信息的整合，将目前该领域的国内外研究现状进行了清晰的梳理，以供读者学习和参考。

本书将为初学者或在电力系统工作的人员提供一个普适性的电阻型超导限流器的设计策略，一方面使得读者更容易理解超导限流器的工作原理及结构，另一方面也展示了超导限流器作为最接近电力系统应用的超导电力产品并可大规模生产的潜力。

图书在版编目（CIP）数据

高温超导限流器/王科等主编 . —北京：机械工业出版社，2017. 11

ISBN 978-7-111-58426-1

Ⅰ. ①高… Ⅱ. ①王… Ⅲ. ①高温超导性 – 继电保护装置 Ⅳ. ①TM774

中国版本图书馆 CIP 数据核字（2017）第 271061 号

机械工业出版社（北京市百万庄大街 22 号　邮政编码 100037）

策划编辑：王　康　责任编辑：王　康　刘丽敏

责任校对：樊钟英　封面设计：马精明

责任印制：常天培

唐山三艺印务有限公司印刷

2018 年 1 月第 1 版第 1 次印刷

169mm × 239mm · 13. 25 印张 · 256 千字

标准书号：ISBN 978-7-111-58426-1

定价：55. 00元

前　言

　　高温超导技术在电力、能源、交通、信息各领域有巨大的应用前景，因此被广泛认为是 21 世纪的战略技术，是欧美与日本等发达国家重点支持的能源、材料及军事技术，被列入我国国家中长期科学和技术发展规划纲要（2006—2020 年）。当前正是高温超导技术开始进入大规模应用的关键时刻，其技术发展将给电力能源领域带来重大变革，其中高温超导限流器具有重大的应用价值，目前的技术发展也较为完善。

　　本书针对高温超导限流器技术进行了系统的介绍，在第 1 章中简要概括了超导材料的研究情况、超导技术的应用领域以及典型的超导电力技术；在第 2 章中详细分析了二硼化镁、铋锶钙铜氧和稀土钡铜氧这三类典型的高温超导导线研究现状以及技术问题；在第 3 章中针对故障限流器的核心器件——高温超导磁体进行了深入介绍，主要包括磁体的设计方法、线圈绕制方法和制冷系统；在第 4 章中重点分析了饱和铁心型限流器的设计，具体包括电抗系统、绕组线圈、制冷系统和应用实例等；在第 5 章中重点分析了电阻型超导限流器，具体包括材料选型、模块化设计、本体设计和应用实例等；在第 6 章中补充介绍了其他类型的超导限流器，包括桥路型、磁屏蔽型、有源型、三相电抗器型等类型。

　　本书由王科、曹昆南、胡南南、周年荣主编。冯峰、黑颖顿、盛杰、马仪、杨明昆、吴其红、徐肖伟、翟胜军、刘光祺、马宏明、周兴梅、钱国超参与了本书的编写。在此，编者对本书所列参考文献的作者，一并表示衷心的感谢。

　　由于编者水平有限，书中难免会有不妥和错误之处，衷心希望读者不吝批评指正。

编　者

目 录

第1章

绪　论

　　能源是人类文明进步的先决条件，它的开发利用是衡量一个国家经济发展水平、科技水平和民族振兴的重要标志。能源尤其以煤炭、石油等为代表的不可再生能源与我们的生活息息相关。在目前的科技水平下，高污染、高消耗、高浪费的工业发展模式造成能源的巨大浪费，能源危机引发了全球的忧虑。在我国，能源危机带来的社会发展问题主要体现在，随着经济的进一步发展和人们物质生活水平的提高以及现代化建设的需要，人均能源资源不足、分布不均匀，人均能源消费量低、单位产值的能耗高，以煤为主的石化能源结构面临严峻的挑战。

　　因此，开发创新技术以缓解能源危机在我国乃至全世界范围内都受到普遍重视。具体来说，从发电、输电、配电、用电等各个环节的新技术创新都有助于解决上述的能源危机带来的严峻挑战。创新技术在缓解能源危机的同时，也可以使得工业发展对生态环境的破坏降到最低，实现人类和环境的和谐共处。在这类创新技术的发展中，超导技术占据了重要的地位。

　　超导材料具有广阔的应用前景，将为人类社会的生产生活带来重大革新[1,2]。高温超导材料的载流能力强，没有直流电阻，在电力、能源、交通、信息等多领域将发挥重大作用，可以用于制造多种高效节能、高功率密度的发电、输配电和用电设备。以超导风力发电、超导储能、超导电缆、超导限流器为代表的超导装备可以在电力系统的相应环节起到显著的节能效果，从而为缓解能源危机提供积极有效的解决方案。

　　虽然超导材料走向大规模的应用还存在一些明显的障碍：一方面，高温超导导线的成本现在仍然相对较高，而且供应不足；另一方面，高温超导材料的制备技术和应用技术的门槛很高，研发难度较大。但是，由于高温超导材料及其应用技术在节能方面的众多优势，被认为是21世纪的战略技术而受到广泛重视。特别是高温超导材料由于可以在液氮温度（77K）工作，所需的制冷成本和技术在很多产业领域中都能够被接受，发展潜力极大，因此各国政府都对超导材料非常重视，国内外在该产业领域的研发如火如荼。

1.1 超导材料研究

超导材料技术是通向未来高科技的关键，随着超导材料技术的发展，低温超导已在若干领域进入实际应用，而高温超导材料研究近年来的巨大进步，使得高温超导材料的大规模应用将紧随其后[2-4]。预计在不久的将来，超导材料将迎来进一步实用化、产业化的契机。随着低温超导和高温超导技术的进一步发展，超导技术将进入一个新的应用研究发展阶段，并对相应的低温技术提出了新的要求。超导材料技术的进步将进一步促进低温技术研究新热点的增长，并推动多学科的发展，从而迎接未来电力科技发展的机遇与挑战。本节对超导材料的研究历程和超导材料的特性进行介绍。

1.1.1 超导材料研究历程

1911 年，荷兰物理学家昂纳斯（Heike Kamerlingh Onnes）在实验中发现，在液氦温度（4.2K）下，汞单质的电阻率突然降至几乎为零，首次揭示了超导这一神奇现象。1933 年，Meissner 和 Ochsenfeld 发现，超导体的磁性质与理想导体不同，如果把超导体放在磁场中降温，当超导体电阻消失时，与理想导体不同，磁感应线并不能通过超导体，而是会从超导体中被排斥出来，这种现象被称为完全抗磁性（Meissner 效应）。超导电性和完全抗磁性是超导体的两个重要特性。只有同时满足这两个特性的材料，才能称之为超导体。超导特性开始出现的温度，被称为该超导体的超导临界转变温度（T_c）。

一开始所发现的超导体大多数为金属及合金，它们的 T_c 都低于 30K。T_c 最高的超导体为 Nb_3Ge（23K），与 1911 年的 4.2K 相比，只提高了不到 19K。这类超导体被称为常规超导体。常规超导体在应用过程中一般都需要用液氦制冷。液氦高昂的价格增加了包含常规超导体设备的运转成本，从而极大地限制了常规超导体的应用。1957 年，Bardeen、Cooper 和 Schrieffer 建立了 BSC 理论，并用之很好地解释了超导现象[5]。超导体相对于常规导体具有直流下无传输电阻的特性，自然可以想到，使用超导体代替常规导体就可以减少导线上的电能损失，节省能量。因此，将超导体投入实际应用（如输电）一直是人类的梦想。然而超导现象发现之后多年，人类发现的超导体的临界温度都在 30K 以下。甚至超导理论中的经典 BCS 理论预言，超导体的临界温度不可能超过 40K，这令人们一度以为超导现象只是一种极低温现象。图 1.1 为超导材料临界温度的升高示意图。

1986 年，Bednorz 和 Muller 在 La-Ba-Cu-O 体系中发现了超导体 $La_{2-x}Ba_xCuO_4$[8,9]，其 T_c 可以达到 40K 以上。与以往发现的金属合金超导体不同，这是一种陶瓷材

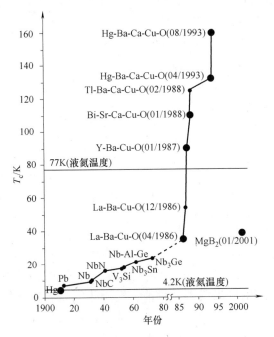

图 1.1　超导材料临界温度的升高示意图

料[8]。更重要的是，它的 T_c 超过了之前发现的所有金属合金体系的 T_c。La_{2-x} Ba_xCuO_4 超导体的发现，开拓了高温超导电性这一既具有重要理论意义又具有巨大应用前景的研究领域，并引发了一场全球性的高温超导热潮。1987 年，朱经武和赵忠贤发现的 Y-Ba-Cu-O 超导体的 T_c 达到 93K[9,10]。1988 年春，两个不含稀土元素的高温超导体体系 Bi-Sr-Ca-Cu-O[11] 和 Tl-Ba-Ca-Cu-O[12] 被发现了。在 Tl-Ba-Ca-Cu-O 体系中，盛正直所获得的超导相 $Tl_2Ba_2Ca_2Cu_3O_{10}$ 的 T_c 达到 125K。由于 Y-Ba-Cu-O 等新发现的一系列铜基超导材料的 T_c 超过了液氮的温度 77K，因此把它们称为高温超导体。

2001 年 1 月，一种 T_c 为 39K 的二元化合物超导体 MgB_2[13] 被发现。由于 Mg 和 B 的资源丰富而且比较廉价[14]，这引发了人们对超导材料在电力领域应用的新兴趣。近几年来，铁基超导体的发现，又引发了人们研究超导机理的兴趣。铁基超导体可能有助于人们更进一步地认识超导，特别是高温超导的机理。

1.1.2　超导材料特性简介

如前文所述，临界转变温度 T_c 是超导材料的一个重要参数，尤其是在电阻率与温度的变化关系中，当温度降至 T_c 附近，超导体的电阻率陡变为零。典型的超导体电阻率随温度变化曲线如图 1.2 所示。

超导材料按照使用温度范围，可以划分为低温超导材料（主要运行在液氮温区）和高温超导材料（可运行在液氮温区）。低温超导材料主要分为金属、合金和化合物三类。具有实用价值的低温超导金属是 Nb（铌），T_c 为 9.3K，已制成薄膜材料用于弱电领域。合金系低温超导材料是以 Nb 为基的二元或三元合金组成的固溶体，T_c 在 9K 以上，最常用的是 NbTi 合金，其使用已占低温超导合金的 95% 左右。NbTi 合金可用一般难熔金属的加工方法加工成合金。化合物低温超导材料主要

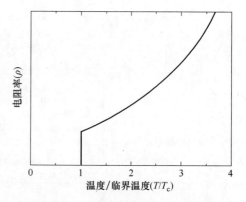

图 1.2　超导体电阻率随温度变化曲线

是 Nb_3Sn，这是脆性化合物。虽然低温超导材料已得到较为广泛应用，但是由于其 T_c 低，必须在液氦温度下使用，运转费用昂贵，因此低温超导材料的应用受到限制。高温超导材料是具有高临界转变温度，大都能在液氮温度（77K）条件下工作，因此应用前景更为广阔。目前，实用化的高温超导材料成分多是以铜为主要元素的多元金属氧化物，由于铜氧体系的高温超导材料具有明显的层状二维结构，因此其超导性能具有很强的各向异性。表 1.1 中给出了常用的五种超导材料的关键参数[1]。

表 1.1　五种超导材料的关键参数

材料	T_c/K	H_{c2}/T	H^*/T	面内相干长度/nm	面内穿透深度/nm	临界电流密度/（A/cm²）
NbTi	9	12（4K）	10.5（4K）	4	240	4×10^5
Nb_3Sn	18	27（4K）	24（4K）	3	65	$\sim 10^6$
MgB_2	39	15（4K）	8（4K）	6.5	140	$\sim 10^6$
YBCO	92	>100（4K）	6（77K）	1.5	150	$\sim 10^7$
BSCCO	108	>100（4K）	0.2（77K）	1.5	150	$\sim 10^6$

注：H_{c2} 为上临界场，该磁场下超导体的超导电性被破坏；H^* 为不可逆场，该磁场下超导体的临界电流变为 0。

　　虽然在临界温度以下超导材料具有直流电阻率为零的特征，但是超导体并不是简单的电阻为零的"理想导体"，它具有独特的磁性质，被称为"迈斯纳效应"（Meissner Effect），也称为完全抗磁性。Meissner 等人当时将锡和铅样品放在磁场中冷却到临界温度以下，发现当样品从正常态变到超导态后，原来穿过样品的磁通量完全被排除到样品外，同时样品外的磁通密度增加。当外加磁场强度继续加大到某一值时，样品会失去超导电性，转变为正常态，这一外加磁场强度值被称为临界磁场。对实验结果的定量分析表明，无论在超导体转变为

超导态前还是在转变后加外磁场，在超导体内部的磁感应强度一直为 0。当超导体进入超导态以后，它会将磁通排出其体外（无论其是否在磁场中冷却到超导态），这个性质是独立的，并不是由电阻为零性质所引起的。迈斯纳效应将超导体与理想导体区分开来，证明超导现象本质上是一种全新的物理现象。

除临界温度以外，衡量超导材料性能的另一个重要指标为临界电流（I_c）或临界电流密度（J_c）。即在某种环境（包括温度、压强、磁场等）下，超导体能够无阻传导的最大电流（密度），如果超导体内的电流超过这一电流，超导体内会产生电势差，失去超导性（简称失超），即存在能量损耗。超导材料的临界电流与其所处温度、磁场环境有关，温度越高、外磁场越大，其临界电流越小。由温度、磁场决定的临界电流可表示为一个临界面。由于人们往往希望将超导材料应用于无阻地传输大电流上，所以测量以及提高超导材料的临界电流，是超导应用研究的重要方面。

然而，对于很多超导材料，在极微弱的外磁场下，其临界电流密度就接近于零了，这样的超导材料是不具备实用价值的。根据超导材料是否具有迈斯纳效应（完全抗磁性），可以将超导材料分为第一类超导体和第二类超导体[15]。第一类超导体表现出理想的迈斯纳效应，会将磁场完全排出体外，当磁场大于一定值（临界场 H_c）时，则进入正常态；只有大部分纯净的金属单质才是第一类超导体。超导体中的大多数是第二类超导体，存在"混合态"，当外磁场大于一定值（下临界场 H_{c1}）时，不表现出完全抗磁性，而是呈现部分抗磁性，超导体中一些局部区域被外磁场穿透变成正常态；当外磁场更大（大于上临界场 H_{c2}）时，才会完全变成正常态。具备实用价值的超导材料一般是"非理想第二类超导体"，其磁化曲线是不可逆的。并且其 H_{c1} 很小，而 H_{c2} 很大，在较大的磁场下仍然具有较高的临界电流密度。第二类超导材料被磁场穿透的过程可以使用临界态模型描述，其基本思想在超导体的外侧处于临界态而超导体的内侧处于零场态。临界态模型是基于大量实验数据的经验模型，对于工程应用有直接的帮助，最常用的临界态模型包括 Bean 模型[16]以及 Kim 模型[17,18]。

高温超导材料的超导转变条件不仅需要温度小于转变温度 T_c，还需要工作的磁场 H 与电流密度 J 小于一定值。从图 1.3 中可以看出，对于高温超导体转变温度、磁场与电流密度是相互影响的。通常在实际应用中，电流、磁场接近 0 的转变温度被称为 T_c。高温超导体由于钉扎效应，可以

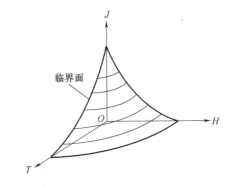

图 1.3 超导材料临界面的示意图，J、T、H 分别为电流密度、温度、磁场

承受极强的磁场强度，H_c 非常高，但随着磁场增加，特别是垂直场的增加，超导带材的性能也会有明显下降。

而且，高温超导带材有着极强的各向异性，主要表现为沿材料的不同方向，超导体的临界电流密度与临界磁场不同。对于 Bi2223 和 YBCO，沿其晶胞短轴方向（平行于带材表面）临界电流密度大；沿其长轴方向（垂直于带材表面）临界电流密度小。同时，当外加磁场方向平行于短轴方向时（平行场），临界磁场高；平行于长轴方向时（垂直场），临界磁场低。一般而言，在讨论临界电流/电流密度时都是指平行于带材表面的临界电流，且会指出相应的温度及磁场，如果没有说明的话即默认是在 77K 及自场下。

超导体在直流下，特别当电流处于临界电流以内时，可以被认为是无阻的。然而当超导体中通过交流电流时，会产生能量损耗。广义上讲，交流下的损耗都是交流损耗。一般来讲，交流损耗包括磁滞损耗、电阻性损耗和耦合损耗。其中，主要是磁滞损耗。一般情况下，电阻性损耗主要出现在高电流情况；耦合损耗远小于磁滞损耗，只有当频率高于 2500Hz 时，耦合损耗才与磁滞损耗相当[19]。通常所讲的交流损耗（AC Loss）都是特指磁滞损耗。

高温超导材料的交流损耗是基于其磁化过程。高温超导体属于第二类超导体，即当磁场在下临界场 H_{c1} 以下时，超导体具有完全抗磁性；当磁场超过 H_{c1} 时，会有部分区域被磁通（以磁通量子的形式，一个磁通量子大小为 2.1×10^{-15}Wb）穿过；随着磁场逐渐增强，进入超导体的磁通线不断增多变密，直到覆盖整个超导体，阻断了超导体内部的超导区域的连通，使得超导体不再具有超导性，恢复正常态，这时候的磁场大小称为上临界场 H_{c2}。在实际情况中，由于工艺不可能完美，超导体中必然存在晶格缺陷、杂质等，使得磁通（Flux）在某些位置能量处于最低，即磁通被固定在这些位置上，这种效应称作钉扎（Pinning）。钉扎的存在使高温超导体的磁化曲线不可逆，当施加一个外磁场再撤去后，超导体内还会有剩磁保留，这种磁滞现象正是第二类超导体交流损耗的主要来源。交流损耗原理示意图如图 1.4 所示。

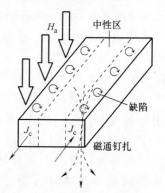

图 1.4 交流损耗原理示意图

在超导体的磁场穿透过程中，在被磁场穿透区域，磁通被钉扎在缺陷处，会受到洛伦兹力（$F_L = J \times B$），该力方向与钉扎力方向相反，试图使得磁通离开钉扎位置。随着电流、磁场增强，洛伦兹力增强，最终将使得磁通流动起来，出现电阻，此时的电流即被认为是 J_c。磁通还存在蠕动效应，就是说磁通线有一定的概率跃迁出钉扎位置，在驱动力作用下进入下一个钉扎的位置，在这个过程中会产生损耗。交流损耗即是洛伦兹力克服钉扎力做功,最终转化为热能。

对于交流损耗也可以从宏观角度来进行理解:由于交变磁场会在高温超导体中感生出平行于电流 J 方向的电场 E($\nabla \times E = -\partial B/\partial t$),从而产生损耗($P = J \cdot E$)。由于交流损耗正比于频率,通常将交流损耗的单位写作 J/cycle/m,即单位长度单位周期所产生的损耗。一般为了方便比较,也将交流损耗做归一化处理:$Q = Q_0 \pi/(\mu_0 I_c^2 L f)$,即将损耗除以长度、频率和临界电流的二次方。

在交流损耗计算中,通常采用临界态模型 CSM(Critical State Model)或者幂函数关系(Power Law)来描述超导体

$$\text{CSM:} \ |J| = \begin{cases} 0 & \text{当 } B = 0 \text{ 时} \\ J_c & \text{其他} \end{cases} \tag{1-1}$$

$$\text{Power Law:} \ J = J_c \left(\frac{E}{E_c}\right)^{\frac{1}{n}} \tag{1-2}$$

式中,E_c 一般取 $1\mu V/cm$。n 称为 n 指数(n value),表征电阻随电流上升的速度。若不考虑磁场下临界电流的衰减,CSM 即是 Bean 模型。磁场下临界电流 $J_c(B)$ 比较复杂,受磁场角度、大小影响,由于钉扎的存在,各向异性非常严重。一般地,可以用经典公式来近似描述[20,21]

$$J_c(B_\perp, B_\parallel) = \frac{J_{c0}}{\left(1 + \dfrac{\sqrt{K^2 B_\perp^2 + B_\parallel^2}}{B_0}\right)^\beta} \tag{1-3}$$

式中,$B_\perp$ 为垂直于带材表面的磁场,$B_\parallel$ 为平行于带材表面的磁场,K 为常数。

在二维模拟中,假设超导带材横截面为 x-y 平面,磁矢势 A 和电流密度 J 只有 z 分量,电势 φ 在整个横截面上一致。若在 (x_0, y_0) 处电场 $E = 0$,φ 在 z 方向上有

$$\partial \varphi = -\partial t A z(x_0, y_0; t) \tag{1-4}$$

对于满足 Bean 模型的高温超导体,其交流损耗可以利用在最大电流($I = I_m$)时积分获得,即

$$Q(I_m) = 4 \int J(x, y) \psi(x, y) \, dS \tag{1-5}$$

式中,$\psi(x, y)$ 是在 (x, y) 位置处与中性区之间的磁通,可以用 A_z 表示为

$$\psi(x, y) = A_z(x, y) - A_z(x_0, y_0) \tag{1-6}$$

式中,$A_z(x_0, y_0)$ 是中性区内的磁矢势。

也可以将交流损耗的通用情况下的表达形式写出

$$Q = \oint dt \int J(x, y; t) E(x, y; t) \, dx dy \tag{1-7}$$

即是电流密度 J 与电场 E 乘积的积分。可以将时间上的积分重写写作对电流的积分

$$Q = 2\int_{-I_m}^{I_m} \mathrm{d}I \int J(x,y;I) \times \left[\partial I A_z(x_0,y_0;I) - \partial I A_z(x,y;I) \right] \mathrm{d}x\mathrm{d}y \qquad (1\text{-}8)$$

对于单带情况，在 1970 年，Norris 利用 Bean 模型给出了计算方法[22]，并指出了交流损耗是一种抗磁体的磁滞损耗，对于相同的电流幅值，单位周期中的交流损耗是一个定值，与频率无关。Norris 给出了针对 BSCCO 椭圆截面材料与针对 YBCO 薄带截面材料的交流损耗公式

$$Q_{\text{ellipse}} = \frac{\mu_0 I_c^2}{\pi} \left\{ (1-F)\ln(1-F) + \frac{(2-F)F}{2} \right\} = \mu_0 I_c^2 L_1(F) \qquad (1\text{-}9)$$

$$Q_{\text{strip}} = \frac{\mu_0 I_c^2}{\pi} \left\{ (1-F)\ln(1-F) + (1+F)\ln(1+F) - F^2 \right\} = \mu_0 I_c^2 L_2(F)$$

$$(1\text{-}10)$$

式中，$F = I_m / I_c$，为约化电流。在相同条件下，一般有 $Q_{\text{ellipse}} > Q_{\text{strip}}$。

在有外磁场或者在线圈中，实际的交流损耗会大于 Norris 公式中给出的结果。但 Norris 公式是用来估算交流损耗，检测实验、计算正确与否的重要方法。

交流损耗是高温超导交流应用中的关键问题。交流损耗产生的热量会引起制冷剂（通常是液氮）升温沸腾，或者增加制冷机负担。例如，对于一根独立的超导带材，其交流损耗约在 $10^{-4}\,\mathrm{J/cycle/m}$ 量级；而对于一个没有进行优化的大型磁体系统，其交流损耗可高达 $0.1\,\mathrm{J/cycle/m}$。则 50Hz 下 1000m 线圈需要 5kW 制冷量，这是对制冷的一个巨大挑战。对交流损耗缺乏考虑的话可能导致整个系统失效。另一方面，由于高温超导磁体中的交流损耗分布不均，使得磁体中温度分布不均，可能引起局部失超。因此，交流损耗是高温超导应用技术设计中必须要考虑的问题。

1.1.3　高温超导材料产业化

相对于低温超导材料而言，高温超导材料的主要优势是可以应用在更高的温度下，这不仅降低了制冷的成本，也大大提高了应用的便利性。从 1986 年高温超导材料发现至今，高温超导材料已逐步实现产业化生产与应用[23]。高温超导带（线）材是其中最主要的产品之一。目前，高温超导带材根据材料种类主要分为两大类[24]：一类为铋锶钙铜氧化物 $Bi_2Si_2Ca_2Cu_3O_x$（Bi-2223）多芯带材，称为第一代高温超导带材；通常使用粉末套管法生产，即将超导粉末包套在金属（银）管内，进行机械加工与热处理烧结而成[25,26]；另一类为以钇钡铜氧化物 $YBa_2Cu_3O_{7-\delta}$（YBCO）超导薄膜为功能核心的涂层导体，称为第二代高温超导带材，一般通过在有织构的基底或过渡层上进行多层镀膜，最终生长高性能的高温超导层来制备[27,28]。第一代和第二代高温超导导线结构示意图如图 1.5 所示。

第一代高温超导导线是利用银合金包覆超导材料方式制备的，这种制备技

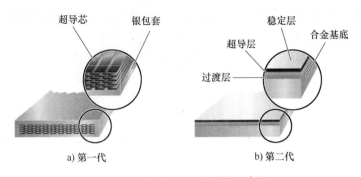

图 1.5　高温超导导线结构示意图

术被称为粉末套管（PIT）法，导线为多芯结构。其中的高温超导材料为铋锶钙铜氧。Bi-2223/Ag 高温超导导线自上世纪末成功采用粉末套管法制备出长线以来，经过多年的发展其技术已经比较成熟。国内外具备了批量化生产千米长带的能力的公司有美国超导（AMSC）公司，我国的北京英纳（INNOST）公司、德国布鲁克（Bruker）公司、日本住友电工（Sumitomo Electric Industries）公司等多家公司。目前世界上 Bi-2223/Ag 高温超导导线年生产能力总和已达几百至上千公里，为其真正的产业化应用提供了坚实的基础。我国的北京英纳超导技术有限公司专注于铋系高温超导线材的生产和应用项目，为国内高温超导行业顶尖的企业，生产的高温超导线材产品的综合性能位于世界第二，现年产能 200km。公司与清华大学和很多科研院所建立了合作关系，并作为中国国家应用超导技术项目的核心供应商、国际热核聚变 ITER 等项目的供应商，参与了国家科技部及国外专项基金扶持的高温超导电缆、变压器、电机、限流器、大电流引线和磁体的应用研发工作。然而，第一代高温超导导线的成本相对较高，因为它的制备需要使用大量的贵金属银，所以该类导线在大规模商业化应用方面受到了限制。

　　21 世纪以来，第二代高温超导导线制备技术迅速发展，其中的高温超导材料一般为钇钡铜氧。这种高温超导材料以薄膜的形式涂覆在柔韧的带状金属基底上，涂覆可以使用化学方法或者物理气相沉积方法，因此第二代高温超导导线又被称为涂层导体。第二代高温超导导线具备巨大的发展潜力，其材料成本远低于第一代高温超导导线，甚至低于铜导线；当前的主要任务是降低其工艺成本[29,30]。

　　在全球范围内，过去十年中第二代高温超导导线的发展十分迅速，完成了数次关键性技术的突破，主要包括：与第一代高温超导导线相比性能相当甚至更优，使用第二代高温超导导线完成了多个应用示范项目。不过，为了使第二代高温超导导线在军事和商业化方面实现更大规模的应用，在低成本和高性能方面还需要进一步的发展。为了使第二代高温超导导线能够通过很大的超导电流，在超导薄膜内部形成小角晶界是最为核心的技术问题，有两种技术取得了最为优异的成果：离子束辅助沉积（IBAD）[31,32]和轧制辅助双轴织构基底（RABiTS）[33]。在 IBAD 技术中，定向的离子束轰击可以改善薄膜生长过程中的微观结构和晶粒取向，因此可以实现在多晶镍合金基底上沉积双轴织构氧化物薄膜（如 YSZ、MgO 和 GZO 等）。

而在 RABiTS 技术中，首先实现金属基底的高度双轴织构，进而通过在这种基底上外延生长得到双轴织构的过渡层；金属基底的双轴织构是通过冷轧制强化形变和后续的热处理重结晶实现的，金属基底的材料需要是面心立方结构，如镍或铜等。这两种技术路线都可以制备高质量的第二代高温超导导线。其中 IBAD 技术以日本的 Fujikura 公司、美国的 SuperPower 公司和韩国的 SuNAM 公司为代表；RABiTS 技术以美国 AMSC 公司为代表。

目前，国内外进行第二代高温超导导线产业化研发的机构中，产品性能处于领先位置的机构为：日本的 Fujikura 公司、韩国的 SuNAM 公司、美国的 SuperPower 公司和 AMSC 公司。此外，日本的 Showa 公司、美国的 STI 公司、俄日的 SuperOx 公司起步时间相对较晚，产品性能目前仍相对较差；而德国的 Bruker 公司由于一直坚持使用制备速率很低的 ABAD-YSZ 技术路线，因此产品性能长期处于较差的状态。目前国内也有三家单位正在进行产业化开发，全都处于起步阶段，其中苏州新材料研究所的产品结构还未见报道，但是可以肯定是基于 IBAD 技术路线。可以看到，IBAD 技术路线目前在国内外都占据了主流地位，其中曾经使用 RABiTS 的 SuperOx 和上海超导两家机构，目前也已经转向了 IBAD 路线。

IBAD 技术路线相对于 RABiTS 的优势是多方面的，其中最重要的优势在于两者对金属基底的选择，RABiTS 技术必须使用 Ni-5at.％W 或类似的材料，而 IBAD 技术对金属基底的选择没有限制，因此可以使用具有优良机械性能和抗腐蚀性能的 Hastelloy C276，也可以使用价格非常低廉、市场上产量充裕的不锈钢；此外 IBAD 技术路线中可以使用非晶态过渡层作为元素扩散阻隔层，可以大幅度降低过渡层的厚度、进而提高制备速率。因此，IBAD 技术路线在产品性能、成本控制方面具有明显的优势，成为国内外各研发机构的优先选项。

1.2 超导应用领域

1.2.1 超导技术与智能电网

智能电网已成为电力工业重要发展方向，智能电网必须能解决未来电网发展所面临的一些关键问题。智能电网的建设和发展是一个多学科交叉的崭新学术领域，需要从多角度统揽问题，更需要新技术和新设备应用，以适应未来电网的要求。智能电网对电网安全稳定性、经济性、可再生能源的包容性、电能质量都有根本性的提高。

而超导电力技术的进步为应对这一挑战带来了重大机遇并有可能提供解决方案。超导电力技术的应用，包括输电电缆、限流器、电动机、发电机、变压器、超导储能系统等在内的一系列高温超导产品，对提高电网容量、电能质量、供电可靠性和安全性具有重要意义，将给电力技术的发展、智能电网的结构和特点产生深远的影响。"美国电网 2030"计划，把超导电力技术放在一个十分重要的位置上，并计划采用超导电力技术建设骨干电网。美国能源部认为超导电力技术将是 21 世纪电力工业唯一的高技术储备，发展高温超导电力技术是检验美国将科学发现转化为应用技术能力的重大实践，而日本新能源开发机构（NE-DO）则认为发展高温超导电力技术是在 21 世纪的高技术竞争中保持尖端优势的关键所在。可以认为，超导电力技术将是 21 世纪具有经济战略意义的一种高新技术。我国一直重视超导技术的研究，中国科学院电工研究所、清华大学、华中科技大学和华北电力大学正在开展超导技术的研究，且取得了较大的成果，但目前超导电力技术与国际一流水平总体上仍然存在着一定的差距。

超导技术在智能电网未来的发展中，在以下六个方面将起到重要作用：①在提高电力系统暂态稳定性方面，通过超导故障限流器及时快速隔离故障，通过超导储能装置补偿不平衡有功功率，能提高电网暂态稳定性，以满足智能电网的对系统暂态安全稳定的基本要求；②在提高电力系统小干扰稳定性方面，通过超导储能技术提高系统阻尼，通过超导电缆技术加强系统电力联系，均能提高电力系统的小干扰稳定性，以满足智能电网对小干扰安全稳定的基本要求；③在提升电网的抗打击能力方面，超导储能能量备用技术和超导电缆大容量能量输送技术均能有效增强智能电网的防御能力，对于应付极端情况有积极的应用前景；④在对可再生能源的包容性方面，分布式中小型超导储能技术以及与超导电缆技术的综合应用契合了智能电网的兼容性要求，提高了智能电网对可再生能源的包容性；⑤在提升电网的电能质量方面，超导储能技术能在输电和配电两个层面上提高电网电能质量，以满足智能电网的电能优质性要求；⑥在建立集约型电力系统方面，超导电缆具有的大容量、低损耗、结构紧凑的特点满足智能电网高效性、经济性的要求，同时，超导变压器和超导电机具有占地面积小，能量密度高、损耗小等特点，适用于对自然环境要求特别高的场合。上述的相关超导技术，将在本章的下一节展开更为详细的介绍。

1.2.2　其他领域的超导技术

超导技术除了在上述的智能电网领域具有广阔的应用前景，在其他的技术领域也可以起到积极的创新引领作用，下面将对电网领域之外的超导创新技术进行简要介绍。

随着我国经济的高速增长，铝挤压型材的产销量从 2000 年开始以年均 40% 以上的速度增长。2005 年，我国的铝型材产量达到 419 万 t，超过了 9 个欧美主要发达国家产量的总和。2010 年，我国铝型材的产量已经超过 1200 万 t。可是，铝棒材在挤压前的加热过程中，电能能耗非常大，这一产业在我国电能使用中占据了相当大的比重。与此同时，我国当前的能源供应形势非常紧张，以至于各工业发达地区相继出现电荒。在此背景下，铝挤压型材的高耗电和我国工业的节能规划之间的矛盾变得日益突出。

高温超导技术提供了无可替代的大幅节能方案，能够改善现有的加热技术，从而有效解决上述矛盾。直流超导电磁感应加热技术与常规的交流感应加热器相比有如下优势：①效率高：常规交流感应加热器加热铝或铜的效率大约为 50%~60%，而直流超导电磁加热器的全部能量效率（包括所有相关配置所产生的损耗）大于 80%；②加热的材料更广泛：直流超导感应加热技术适用于各种金属材料的挤压加工，除了铝、铜以外，也适用于镁、钛、铬镍铁合金和其他的特殊合金；③加热深度大：频率越低或磁场强度越大，加热的穿透性就越强，由于直流超导电磁感应加热技术频率更低，因而其加热速度更快，加热也更均匀；④可以在棒材轴向上提供准确的温度梯度：通过调整磁体和锭坯之间的角度，可以改变磁场强度的梯度，进而建立起合理的温度梯度，为等温挤压创造良好的条件；⑤设备维护量小：超导磁体不受高温、振动或机械摩擦等因素的影响，所以其设备寿命也得以大大提高。

2008 年，世界上第一台直流超导感应加热器在德国 Weseralu 公司铝挤压生产线上投入商业化运行。该加热炉可加工直径 6~7in（1in = 0.0254m）、长度为 27in 的铝合金铸块，总功率为 360kW，当加热铝材时每小时具有 2.2t 的生产能力。两年以来，该设备运行平稳，已经生产了 25 万个挤压锭坯，与传统感应加热相比，节约电能接近 50%，生产效率提高了 25%[35]。

超导材料由于无阻和电流密度高的特点，非常适合于制造高场强、高稳定性的磁体。利用低温超导材料（NbTi、Nb3Sn 等）制造的超导磁体已经过了 50 年的发展，应用于各类高精尖设备，例如：在 ITER、LHC 等高能物理束流装置中的低温超导磁体，医用核磁共振成像（MRI）设备中的低温超导磁体，在各类科研环节中提供 6~18T 背景磁场的低温超导磁体。但低温超导磁体工作温度低（4.2K），需要珍贵的战略资源液氦，或者大功率的制冷机，而且制冷时间长、低温维持系统要求高。因此，低温超导磁体在实验室和长时间运行条件下比较适合，而在野外等恶劣环境和需要快速部署的情况下，则有很大的应用局限性。

20 世纪 80 年代中期高温超导材料被发现后受到了广泛关注和研发，高温超导材料具有临界温度高、临界磁场大的特点，在液氮温度（77K，-196℃）就可以进入超导态。因此，高温超导磁体凭借其较高的转变温度和高场下的优异性能，与低温超导磁体形成了很好的互补。从技术角度来讲，使用高温超导磁体的具体优势体现在两个区域：第一，在 2 ~ 6T，高温超导线圈可工作在 20 ~ 30K，无需液氦，仅利用制冷机就可在很短的时间内达到这个温度（1h 以内），而且磁体运行具有高度的稳定性；由于不使用液态制冷剂，可以实现便携式快速制冷，免去安全隐患。这些特点颇受一些军方单位的看重。第二，利用高温超导磁体工作在 25T 以上作为内插二级磁体也有很好的应用。

1.3 典型超导电力能源技术

1.3.1 超导限流器技术

在电力领域，高温超导电力设备（电缆、限流器、储能器等）因为其高效、紧凑、节能、环保等特点，在未来具有广阔的应用前景；应用高温超导技术是改造国家电力电网系统和实现大型城市大容量、高密度安全供电的理想途径。我国部分城市近年来每到夏天都会出现大面积拉闸限电的现象，究其原因，除了经济增长导致用电需求增加外，用电高峰期电网容量不够、设施老化也是导致电力管理部门被动限电的重要原因，超导技术从根本上为解决以上电力系统的安全难题提供了一个全新的选择。

近几年来，我国的发电能力和用电量都在快速提高，但电网建设相对来说还有很多不足之处，特别是电网的安全性、稳定性和供电质量尚需改善。这主要是因为可再生能源越来越多，当它以分布式发电的形式接入电网时，电网会不稳定，从而引起短路故障的大量增加。电力系统在发生短路故障时，将会产生很大的短路电流，一般情况下，短路电流约为额定电流的 20 倍。因此，电气设备如果按短路电流水平来设计，就会使电气设备的经济性大大降低。而且，短路电流产生的高温等效应对电气设备的危害很大，这种危害甚至可能是灾难性的。因此，短路故障电流将对电网系统的经济效益和安全稳定运行产生严重的影响。而且，电网规模越大，故障短路电流水平也会越大，由于我国的电网建设正处在飞速发展的阶段，短路故障电流已成为需要重点解决的问题之一。

为了解决短路故障电流的问题，传统的技术方案通常是使用一些消极的办法，例如安装大规格的开关柜、电缆线路和变压器等。但是，这些办法会导致大量的额外成本，使运行系统更复杂，并影响电能质量、电力系统的稳定性和安全性。因此，短路故障电流的解决迫切需要突破传统技术的限制，引入高新技术，而高温超导限流器的出现恰好满足了这一需求。

高温超导限流器具有传统技术中无法实现的功能：它能在高压下运行，在正常运行时可通过大电流而只呈现很小的阻抗甚至零阻抗；反应速度快，能在毫秒甚至亚毫秒级的时间内做出反应；可根据需要将短路电流限制到额定电流两倍左右的水平，限流效果非常明显；能自动触发、自动复位且复位速度快；同时集检测、触发和限流于一身，可在极短的时间内将巨大的短路电流限制在电网能承受的范围内，从而提高了电网的灵活性、供电质量和安全性。

高温超导限流器在电力系统中主要的应用位置有：①发电机端，能够减小故障对发电机组的冲击；②母线端，有利于采用大功率低阻抗变压器维持电压调节水平，并可使短路电流对变压器的破坏得到限制；③网络联络处，可以保证电网系统稳定，提高输电质量；④变压器端，可以减少合闸时的冲击电流；⑤一些特殊位置，如地下电缆或安装在地下室的变压器等难以更新的设备处，以及处于雷电频发区的线路处，在这些位置加装高温超导限流器可以有效改善电网安全性和稳定性。可见，在电网系统中装备高温超导限流器以后，无论是对输电系统还是对配电系统来说，都将大大提高安全性、输送容量以及稳定性，同时大大地降低电网的建设和改造的成本，并延长电气设备的寿命，从而使我国的电网建设更加合理有效，对节能工作做出重要的贡献。

因此，高温超导限流器的研制及应用引起了国际上的广泛重视。1989 年以来，美国、德国、法国、瑞士、韩国、日本和我国都相继开展了这方面的研究。中国科学院电工所等单位于 2005 年完成了 10.5kV、1500A 改进桥路型高温超导限流器原理样机的研制，并在湖南娄底高溪变电站成功实现了并网运行。云电英纳超导电缆技术有限公司等单位于 2007 年研制成了 35kV、1200A 饱和铁心式高温超导限流器，并在云南昆明普吉电站实现了并网运行。

1.3.2　超导电缆技术

与传统输电相比，超导输电使用高温超导材料替代传统的铜和铝导线来输送电能。其优越性由超导材料的优点所决定，主要是：第一，实用高温超导体的临界电流密度达到铜线或者铝导线的允许电流密度的 100 倍以上，易于实现单回路大容量传输，相同容量时，体积小，重量轻。第二，直流情况下完全没有电阻，从而没有电能损耗，维持液氮温度以上的制冷耗能要小得多，使得输电损耗低，效率高。与传统输电相比，高温超导输电的主要优越性可归纳为：

（1）容量大　使用高温超导电缆进行单回路的交流输电时，其传输容量可以比传统电缆大 3 ~ 5 倍，达到最高每线 2000 万 ~ 3000 万 kW；如果使用高温超导电缆进行直流输电，相对于传统电缆容量可提高 10 倍，±500kV 可实现 2000 万 ~ 5000 万 kW 的输送容量。

（2）损耗低　交流输电时超导电缆的导体损耗不足常规电缆的 1/10，直流输电时导体热损耗几乎为零。考虑超导电缆循环冷却系统带来的能量损耗，大容量、远距离输电时，其输电总损耗可以降到使用常规电缆的 1/4 ~ 1/2。有一分析表明，1000km 长输电 500 万 kW·h，总损耗小于 3%，可能达 2%。

（3）体积小　与同样传输容量的传统高压电缆相比，超导电缆的外径较小。

同样截面积的超导电缆的电流输送能力是常规电缆的 3~5 倍，冷绝缘三相同轴超导电缆尺寸可以做得更小，更具有体积上的优势。在利用电缆沟或电缆隧道敷设时，减少了通道和相应支持机构的尺寸，使其安装占地空间小，土地开挖和占用减少，征地需求小。

（4）重量轻　超导电缆的重量也要比同样传输电压和传输容量的常规电缆小得多，较小的重量将需要较低强度的电缆牵引机械，较小的线轴，运输成本也相应降低，并相应地减少了机械机构。这也使利用现有的基础设施敷设超导电缆成为可能。

（5）降低传输电压　超导电缆可以在比常规电缆损耗小的前提下传输数倍于常规电缆可以承受的电流，这样在同样传输容量的需求下，传输电压就可以降低一到两个等级，从而可降低对高压变压器和高压绝缘器件等的需求，从系统的角度大大减少了高压设备方面的开支。

（6）增加系统可靠性　超导电缆传输电流的能力可以随着工作温度的降低而快速增加。由于可以在原有设备配置条件下通过降低温度来增加新的容量，因而有更大的过电流能力，增加了系统运行的灵活性。对于冷绝缘超导电缆而言，在正常运行时绝缘层的温度基本不变，不会像常规交联聚乙烯电缆那样可能因为经常温度增高而缩短寿命。

（7）节约资源，环境友好　超导电缆冷却系统使用液氮，不使用绝缘油或 SF6，没有造成环境污染的隐患，且具有防燃防爆的特性。冷绝缘超导电缆设计了超导屏蔽层，基本消除了电磁场辐射，减少了对环境的电磁污染。与常规电缆相比，制造超导电缆使用较少的金属和绝缘材料超导电缆系统总损耗的降低，减少了温室气体的排放，有利于环境保护。

由于上述的重大优越性，使高温超导输电将为未来电网提供一种全新的低损耗、大容量、远距离电力传输的重要途径，随着技术、产业与应用的发展，其地位也将日益提高。图 1.6 所示为美国纽约州长岛第二代高温超导导线输电电缆。高温超导电缆最具优势的应用领域有以下两方面：

（1）高温超导电缆的第一项优势应用领域是超远距离输电　2010 年全年全国用电量 41923 亿 kW·h，根据中国输电损耗率约为 8%~9% 计算，这就意味中国每年电量线路损耗高达 3000 亿 kW·h。可以期望，高温超导直流输电技术在我国长距离送电方面一定会有很大的应用。2012 年 2 月中科院电工所严陆光院士、清华大学卢强院士等 8 名院士联合提出"关于发展高电压、长距离、大容量高温超导输电的建议"[36]。我国已经开始考虑利用高温超导电缆西电东送的可行性。

（2）高温超导电缆的第二项优势应用领域是向大型城市中心送电　随着经济的发展，我国人口越来越密集地流向大城市，致使城市需电量快速上升。利用传统电缆技术送电所要求的电压等级不断提高，但是在城市建设空间日益拥

图1.6 美国纽约州长岛第二代高温超导导线输电电缆

挤的情况下，高压架空线对周边人群的电磁污染问题和昂贵的占地成本问题，使市区内新建高压架空线已经几乎不可能。并且我国城市建设地下管道系统规划水平落后，再铺设大容量的电缆也有很大难度。与相同直径的常规电缆相比，高温超导电缆的输电能力要大3～5倍，并且不需要考虑设计通风冷却的通道空间，因此占用空间小、开挖铺设的工作量少、施工费用比传统电缆低。

高温超导电缆由于能比相同截面积的常规电缆输送大得多的电流，可实现用较低的电压来送相同的电能，也就是说可用配电线路的电压（例如35kV）送输电线路的电能（例如220kV）来向超大城市供电。例如在城市中心地带很难建造变电站，在这种情况下，可以将变电站建在市中心以外的地方，从变压器的次级用高温超导电缆以较低的电压向市中心送电。这样，在市区铺设高温超导电缆会更加经济可行。例如北京市四环、五环附近的地价为6000元/m^2左右，要建2km的高压架空线和地面变电站要占10万m^2用地，合6亿元，这比2km的超导电缆要贵得多（相同容量的高温超导电缆目前价格为每公里几千万元左右）。

1.3.3 超导风力发电技术

风电技术起源于欧洲，丹麦、荷兰、德国等国家对风电的开发和倡导已近30年。2006～2011年，全球风电累计装机容量每年都以20%以上的速度增长。中国水电资源3.7亿kW，而目前我国可开发的风能资源约10亿kW，其中陆地可开发风能资源2.5亿kW，海上7.5亿kW，有巨大的发展潜力。风电可再生、无污染的特点以及成本的持续下降使其很可能成为最经济、最洁净的能源；风电产业也已成为最具有商业化发展前景的成熟技术和新兴产业。

目前，世界风电发展趋势是离岸化、大型化和直驱化。海上风力稳定性远好于陆上，年平均发电时数高，因此海基风电和陆基风电相比更具有性价比优势；再者，海基风电场不存在占地成本问题，可以充分利用成熟的海上平台技术，造价随单机容量上升趋势较不明显，特别适合安装单机容量 10MW 以上的大型机组，建设特大规模风电场。欧美等风电技术先进国家已经开始竞相开发海上风电技术。例如在 2010 年 4 月，德国首座海上风电站"阿尔法文图斯"在北海并网发电，该风电场包括了 12 台 5MW 风电机组，设计年平均发电时间超过 3600h，年发电量将超 2.2 亿 kW·h，展示了海上风电在风力稳定性等方面的显著优势。

目前，风力发电机组正不断向大型化发展，风机单机容量越高，每千瓦时的建设及维护费用越少。随着现代风力发电技术的日趋成熟，大功率无齿轮箱的多极直驱式风力发电机成为发展趋势。直接驱动式风力发电机系统可以很好地解决变速箱的不足，发电机与风轮机直接连接，取消了齿轮增速箱以提高风力发电系统的可靠性和经济性。然而根据电机学原理的分析，对相同功率等级的电机而言，电机的体积重量与电机的转速成反比。直驱式发电机的转速很低，因此导致本体的体积、重量非常大；据计算 4.5MW 永磁直驱风机本体直径将达12m。随着机舱体积重量的增加，风力发电场的建设成本（如塔架建设、运输、吊装等费用）急剧增加，对常规电机而言，制造 5MW 以上功率等级的直驱式风力发电机在经济上的可行性已经不大。因此，研发具有更高功率密度的发电机才能更好地适应直接驱动式风力发电系统的应用需求，也是风力发电机组向大型化发展所必须要解决的技术难题，采用高温超导电机技术则完全可以解决这一难题，高温超导直驱式风力发电技术被认为发展未来 10MW 以上超大容量风力发电机组的唯一可行的技术途径。

高温超导电机用高温超导磁体来代替普通电机的铜线圈作为电机的励磁绕组或者电枢绕组，从而大幅度提高电机的功率密度，降低体积和重量。据计算，大容量电机的尺寸和重量可分别减少到常规电机的 1/5 和 1/3。同时由于超导材料本身没有损耗，电机效率也将得以提高，轻载下的工作特性更好。另外，超导电机还有同步阻抗低、噪声低、谐波含量少、维护简单、励磁绕组不易产生热疲劳等优点，这些都是传统电机所无法实现的。国内外已经顺利完成了多台高温超导电机样机的研制，目前已经完成测试的世界上最大容量的高温超导电机是美国 AMSC 公司主持开发的[37]，功率达 36.5MW、转速 120r/min，超导励磁绕组工作温度为 30K，其电机本体重量小于 70t（同规格的常规电动机重量为180~250t），考虑制冷系统的功耗后效率仍高达 97% 以上。另外美国 AMSC 公司也开发了 10MW 的 Sea-Titan 型号海上风力发电机[38]，如图 1.7 所示。

图 1.7 AMSC 公司 10MW Sea-Titan 型号超导海上风力发电机

1.3.4 超导储能技术

在一些储能系统当中，特别是军事用途的储能系统，需要大容量、高功率、快速充电这样的性能。这种要求对于传统电源如电容器、锂电池等技术过于严苛，这些传统电源存在功率不够高、充电速度慢等问题，而开发高温超导磁场储能（SMES）技术则能提供有效的解决方案。SMES 电源的典型放电时间在毫秒至秒的范围内，远远快于锂电池，与超级电容器相当，不过 SMES 的功率更高，可达 MW 量级以上。SMES 技术与其他电源技术在功率和放电时间方面的对比图如图 1.8 所示。

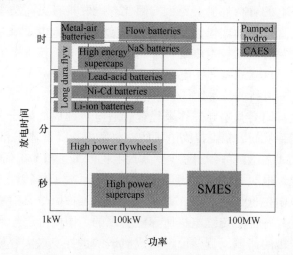

图 1.8 SMES 技术与其他电源技术在功率和放电时间方面的对比图

SMES 系统的核心结构是采用高温超导导线绕制线圈，工作时处于低温环境使线圈处于超导状态，因此没有内阻，成为一个纯电感系统。正是由于这一结构特点，使得 SMES 系统具有多项优点。首先，由于 SMES 线圈无内阻，因此在连续快速的工作过程中不会像传统电源那样出现发热现象，从而可以获得长得多的使用寿命。而且如前面所述，SMES 技术在具有极大的储能容量的同时，可以做到快速放电，此外也具有快速充电的能力，因此其综合性能非常卓越。下面通过分析 SMES 的充电、储能和放电三个状态的物理机制[39]，可以对其综合性能的来源获得比较系统的了解。

在充电模式中，SMES 系统内的电流 I 随时间线性增强，其斜率为 U/L；在放电模式中，电流 I 随时间指数下降，时间常数为 R/L。因此，在充电电源和放电负载一定的情况下，通过调整线圈的结构使电感 L 尽量降低，可以大幅度提高充电和放电的速率。同时，在 L 值很小的情况下，通过大幅度提高电流 I 值可以提高储能容量 E（与 I 的二次方成正比）。具备极强的电流传输能力是高温超导导线的特点之一，相对于传统的铜导线，高温超导导线在液氮温度（77K）相同截面积上可以通过的电流在 100 倍以上，如果使用制冷剂进一步降低工作温度这一倍数将会更大。因此，利用高温超导导线可以传输极大的电流的特点，能够使 SMES 系统既具备快速充电和放电的能力，又具备非常大的储能容量，即 SMES 系统同时具备大容量、高功率、快速充电三个特点。

目前，高温超导导线制备技术已经可以满足高性能 SMES 系统的绕制，其主要需要考虑的问题在于导线所受的应力。SMES 系统需要具备巨大的能量密度，这对应着线圈内的强磁场，因此线圈中的超导导线会由于承载的大电流而受到很强的应力。根据估算，为了使 SMES 系统的单位质量能量达到 6Wh/kg，导线所受到的应力约为 300MPa。为了满足这一应力承受标准，在过去的 SMES 研究中，一般采用 NbTi 等低温超导导线来绕制线圈，其使用温度一般为液氦温度（4.2K），这很大程度上提高了制冷系统的难度和成本。高温超导导线由于可以在液氮温度（77K）下工作，相对于 NbTi 等低温超导导线具有明显优势，而且近年来国际上已经成功开发的 YBCO（钇钡铜氧）高温超导导线由于使用具有优良机械性能的镍基合金基带，也已经能够满足这一应力标准（如使用 Hastel-loy 镍基合金基带的导线最大拉伸应力可达 700MPa）。

因此，使用高温超导导线制造 SMES 系统目前已经具备了足够的可行性。美国空军重点支持了一个 SMES 项目，其目标是搭建机载激光炮的脉冲电源，该类型的 SMES 进一步增强容量将可以为飞机提供动力电源。美国 Brookhaven 国家实验室的研究表明，用 YBCO 高温超导导线绕制成的 SMES 可以满足以上机载激光炮对电源的要求。该实验室设计的 SMES 的储能量为 30MJ，功率大于 30MW，充电和放电时间可以缩短为 1s 左右，充放电寿命大于 20 万次，重量约为 320kg（与同样容量的锂电池相当），其尺寸约为直径 0.75m、高度 0.25m[15]，如图 1.9 所示。目前我国也已经开展了多项包括军事用途在内的 SMES 研制项目。

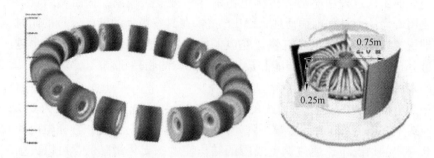

图 1. 9 美国 **Brookhaven** 国家实验室设计的 **30MJ** 高温超导磁场储能 （SMES）
设备的磁场仿真结果与外形尺寸，其线圈采用 YBCO 超导导线绕制

1. 4 本章小结

本章对超导材料及其应用技术进行了简要介绍，主要包括以下要点：结合超导材料的研究历程，对超导材料的特性进行了简介，如临界转变温度、低温超导与高温超导、迈斯纳效应、临界电流、交流损耗等基本概念，并对超导技术在缓解能源危机方面的意义进行了概括；之后，通过回顾超导导线的产业化情况，简介了几类实用化超导导线的发展现状，对高温超导材料在智能电网领域的应用优势进行了描述，并以超导感应加热技术和超导磁体技术为例说明了其他领域超导技术的创新性；最后，对超导限流器、超导电缆技术、超导风力发电技术和超导储能技术这四类典型超导电力能源技术进行了具体介绍，论证其技术优势。

参 考 文 献

[1] Jin J X, Xin Y, Wang Q L, et al. Enabling High-Temperature Superconducting Technologies Toward Practical Applications [J]. IEEE Transactions on Applied Superconductivity, 2014, 24 (5): 1-12.

[2] Nishijima S, Eckroad S, Marian A, et al. Superconductivity and the environment: a Roadmap [J]. Superconductor Science & Technology, 2013, 26 (11): 1078.

[3] 韩征和. 高温超导与节能减排 [J]. 新材料产业, 2007 (12): 38-41.

[4] 张沂年, 韩征和. 高温超导: 发展低碳经济的关键技术之一 [J]. 新材料产业, 2010 (3): 69-72.

[5] Bardeen J, Cooper L N, Schrieffer J R. Theory of superconductivity [J]. Physical Review, 1957, 108 (5): 1175-1204.

[6] Bednorz J G, Muller K A. Possible high Tc superconductivity in the Ba-La-Cu-O system [J]. Zeitschrift für Physik B, 1986, 64 (2): 189-193.

［7］ Müller K A, Bednorz J G. The discovery of a class of high-temperature superconductors ［J］. Science, 1987, 237 (4819): 1133-1139.

［8］ Chu C W, Hor P H, Meng R L, et al. Evidence for superconductivity above 40K in the La-Ba-Cu-O compound system ［J］. Physical Review Letters, 1987, 58 (4): 405-407.

［9］ Wu M K, Ashburn J R, Torng C J, et al. Superconductivity at 93K in a new mixed-phase Y-Ba-Cu-O compound system at ambient pressure ［J］. Physical Review Letters, 1987, 58 (9): 908-910.

［10］ 刘东, 万发宝, 孙自强, 等. 高于90K 的钇钡铜氧系化合物的超导电性 ［J］. 西北大学学报: 自然科学版, 1987 (4): 120-121.

［11］ Maeda H, Tanaka Y, Fukutomi M, et al. A New High-Tc Oxide Superconductor without a Rare Earth Element ［J］. Japanese Journal of Applied Physics, 1988, 27 (2): L209.

［12］ Sheng Z, Hermann M. Superconductivity in the rare-earth-free Tl-Ba-Cu-O system above liquid-nitrogen temperature ［J］. Nature, 1988, 332 (6159): 55-58.

［13］ Nagamatsu J, Nakagawa N, Muranaka T, et al. Superconductivity at 39K in magnesium diboride ［J］. Nature, 2001, 410 (6824): 63.

［14］ 刘永长, 马宗青. MgB_2 超导体的成相和掺杂机理 ［M］. 北京: 科学出版社, 2009.

［15］ 林良真, 张金龙, 李传义, 等. 超导电性及其应用 ［M］. 北京: 北京工业大学出版社, 1998.

［16］ Bean C P. Magnetization of hard superconductors ［J］. Physical Review Letters, 1962, 8 (6): 250.

［17］ Kim Y B, Hempstead C F, Strnad A R. Critical Persistent Currents in Hard Superconductors ［J］. Physical Review Letters, 1962, 9 (7): 306-309.

［18］ Kim Y B, Hempstead C F, Strnad A R. Magnetization and Critical Supercurrents ［J］. Physical Review, 1963, 129 (2): 528-535.

［19］ Gu C, Qu T, Li X, et al. Simulation of Current Profile and AC Loss of HTS Winding Wound by Parallel-Connected Tapes ［J］. Applied Superconductivity IEEE Transactions on, 2014, 24 (1): 1-8.

［20］ Gömöry F, Vojenčiak M, Pardo E, et al. Magnetic flux penetration and AC loss in a composite superconducting wire with ferromagnetic parts ［J］. Superconductor Science & Technology, 2008, 22 (3): 0340173.

［21］ Lai L, Gu C, Qu T, et al. Simulation of AC Loss in Small HTS Coils With Iron Core ［J］. IEEE Transactions on Applied Superconductivity, 2015, 25 (3): 1-5.

［22］ Norris W T. Calculation of hysteresis losses in hard superconductors carrying ac: isolated conductors and edges of thin sheets ［J］. Journal of Physics D Applied Physics, 1970, 3 (4): 489-507.

［23］ Samoilenkov S, Molodyk A, Lee S, et al. Customised 2G HTS wire for applications ［J］. Superconductor Science & Technology, 2016, 29 (2): 024001.

［24］ Larbalestier D, Gurevich A, Feldmann D M, et al. High-Tc superconducting materials for electric power applications ［J］. Nature, 2001, 414 (6861): 368-377.

[25] Han Z, Skovhansen P, Freltoft T. TOPICAL REVIEW: The mechanical deformation of superconducting BiSrCaCuO/Ag composites [J]. Superconductor Science & Technology, 1998, 10 (6): 371.

[26] Larbalestier D C. Road to conductors of high temperature superconductors: 10 years do make a difference [J]. Applied Superconductivity IEEE Transactions on, 1997, 7 (2): 90-97.

[27] Xu Y L, Shi D L. A Review of Coated Conductor Development [J]. Tsinghua Science and Technology, 2003, 8 (3): 342-369.

[28] Obradors X, Puig T. Coated conductors for power applications: materials challenges [J]. Superconductor Science & Technology, 2014, 27 (4): 044003.

[29] Malozemoff A P, Fleshler S, Rupich M, et al. Progress in high temperature superconductor coated conductors and their applications [J]. Superconductor Science & Technology, 2008, 21 (3): 64.

[30] Foltyn S R, Civale L, Macmanus-Driscoll J L, et al. Materials science challenges for high-temperature superconducting wire [J]. Nature Materials, 2007, 6 (9): 631.

[31] 冯峰, 史错, 瞿体明, 等. 制备高温超导涂层导体的技术路线分析 [J]. 中国材料进展, 2011 (30): 9-15.

[32] Iijima Y, Tanabe N, et al. In-plane aligned YBa$_2$Cu$_3$O$_7$-x thin films deposited on polycrystal-line metallic substrates [J]. Applied Physics Letters, 2001, 60 (6): 769-771.

[33] Rupich M W, Li X, Sathyamurthy S, et al. Second Generation Wire Development at AMSC [J]. IEEE Transactions on Applied Superconductivity, 2013, 23 (3): 6601205.

[34] Lee D F, Leonard K J, Heatherly L J, et al. Reel-to-reel ex situ conversion of high critical current density electron-beam co-evaporated BaF2 precursor on RABiTS [J]. Superconductor Science & Technology, 2004, 17 (3): 386-394 (9).

[35] 张沂年, 李晓航. 高温超导感应加热技术及其在有色金属热挤压中的应用 [J]. 新材料产业, 2012 (1): 41-45.

[36] 严陆光, 肖立业, 林良真, 等. 大力发展高电压、长距离、大容量高温超导输电的建议 [J]. 电工电能新技术, 2012, 31 (1): 1-7.

[37] Gamble B, Snitchler G, MacDonald T. Full Power Test of a 36.5MW HTS Propulsion Motor [J]. IEEE Transactions on Applied Superconductivity, 2011, 21 (3): 1083-1087.

[38] Snitchler G, Gamble B, King C, et al. 10MW Class Superconductor Wind Turbine Generators [J]. IEEE Transactions on Applied Superconductivity, 2011, 21 (3): 1089-1092.

[39] 金建勋. 高温超导储能原理与应用 [M]. 北京: 科学出版社, 2011.

第 2 章

高温超导材料及制备技术

2.1 高温超导导线材料概述

超导材料技术是通向未来高科技的关键，预计在不远的将来，超导材料将迎来进一步实用化、产业化契机，超导技术将进入一个新的应用研究发展阶段，并对相应的低温技术提出了新的要求，推动多学科的发展，从而迎接未来电力科技发展的机遇与挑战。低温超导材料已得到较为广泛的应用，由于 T_c 的运转费用昂贵，故其应用受到限制。考虑本书主要讨论的是超导材料在电网中的应用，因此对低温超导材料不做详细介绍。高温超导材料是具有高临界转变温度（T_c），材料成分多以铜为主要元素的多元金属氧化物。

已发现的高温超导材料主要有镧钡铜氧体系（$T_c = 35 \sim 50K$）、钇钡铜氧体系（简称钇系超导材料，T_c 最高可超过 90K）、铋锶钙铜氧体系（简称铋系超导材料，$T_c = 10 \sim 110K$）、铊钡钙铜氧体系（$T_c = 125K$）等。其中具有使用价值并已能规模化生产的主要是钇系和铋系超导材料。已制备出的高温超导材料可分（单晶、多晶）块材，线（带）材和薄膜材料。高温超导材料的上临界磁场高，可在液氮温区运行，制冷方便，在电网中有广泛应用的前景。另外还值得提及的是 MgB_2 超导材料，其超导转变温度高达 39K。

2.1.1 二硼化镁导线

MgB_2 是一种半金属化合物，其结构特性从 20 世纪 50 年代起已经为人们所熟知。2001 年，Nagamatsu 等人首次在 MgB_2 块体材料中发现了超导性能，其超导转变温度高达 39K[1]。MgB_2 简单的晶体结构，优越的超导性能引起了大家的广泛兴趣，2001 年便在世界范围内掀起了研究 MgB_2 超导性质的热潮。由于 MgB_2 材料很容易制备，基础性研究和应用性研究几乎同时展开。前者主要将 MgB_2 制作成单晶和薄膜，研究其本征物理性质；后者集中于 MgB_2 线材和带材的开发，通过优化工艺流程，合理掺杂等方式提高超导的电流和磁场特性。目前以美国 HyperTech 为代表的高科技公司已经实现了 MgB_2 导线的商业化生产。不少研究机构正在进行基于 MgB_2 导线的磁体开发。

虽然 MgB_2 接近 40K 的超导转变温度使其潜在应用价值无法与 T_c 高于液氮温度的铜氧化物超导体相媲美，但后者面临着居高不下的成本问题，如 Bi 系带材必须使用 Ag 包套，Y 系导线需制备双轴织构缓冲层等。而 MgB_2 由于其超导相干长度长（4~5nm），不存在晶界弱连接问题，千米级线材/带材的制备技术已经很成熟，在部分应用研究方面有望比高温超导"先行一步"。此外，在超导磁体、超导电子器件等小规模应用方面，MgB_2 非常有望取代现在普遍使用的 Nb 基低温超导体，因为 MgB_2 在 20~40K 下即能工作，低温条件可由液氢或制冷机实现而无需昂贵的液氦。

2.1.2 铋锶钙铜氧导线

1986 年，IBM 实验室的 Bednorz 和 Müller 在 La-Ba-Cu-O 体系中发现了超导转变温度 T_c 为 30K 的一种超导材料[2]，并在后续研究中迅速突破了 BCS 理论给出的 40K 的 T_c 上限，并掀起了一股寻找更高 T_c 超导材料的浪潮。很快，在 1987 年，Wu 等人在 Y-Ba-Cu-O 体系中发现了 T_c 在 90K 左右的超导材料[3]；同年 5 月，Michel 等人通过研究一个新的超导氧化物家族——Bi-Sr-Cu-O 体系，发现接近 $Bi_2Sr_2Cu_2O_{7+\delta}$ 化学式的材料，视其含氧量的不同，这一系列材料具有从 7~22K 不等的超导转变温度。通过引入 Ca，1988 年，Maeda 等人在 Bi-Sr-Ca-Cu-O 体系中发现了超导转变温度分别为 85K 和 105K 的超导材料[4]。

Tarascon 等人比较系统地研究了 Bi 系超导材料的制备、结构和性质[5]。他们指出，在 Bi-Sr-Ca-Cu-O（BSCCO）体系中，有三种不同临界温度的超导相，其理想化学计量通式为 $Bi_2Sr_2Ca_{n-1}Cu_nO_{2n+4}$，对应 $n=1$，2，3 分别为

1) $Bi_2Sr_2CuO_6$，简称 Bi-2201 相，$T_c \sim 20K$；
2) $Bi_2Sr_2CaCu_2O_8$，简称 Bi-2212 相，$T_c \sim 80K$；
3) $Bi_2Sr_2Ca_2Cu_3O_{10}$ 简称 Bi-2223 相，$T_c \sim 110K$。

Bi-2223 超导相是一种陶瓷结构，对于超导陶瓷来说，要制备成可以实际应用的形状，如棒、带或线，普通的烧结方法是很难的。粉末套管法是一种能将脆性的超导材料包裹在金属套管里制备成导线的工艺。

金属粉末套管（Powder In Tube，PIT）法制备的 Bi-2223/Ag 导线由于其具有高的临界电流密度（$3 \sim 7 \times 10^4 A/cm^2$）、良好的热、机械及电稳定性，并且易于加工成长带，使得其率先进入了产业化生产阶段，并且被广泛认为成最有希望在液氮温区进行强电应用的高温超导材料之一[6]。

套管工艺通常可以分成以下三个大步骤：

（1）前驱粉的合成与焙烧　将金属氧化物（或无机酸盐、有机酸盐）原料按一定成分比配料，经一系列化学工艺合成和焙烧过程后成为超导前驱粉。

（2）机械加工过程　把前驱粉压制成粉棒，装入金属套管（银管）中并密封好形成短坯；多道拉拔后形成较细的单芯线，将长单芯线截成多根短线并束集在一起，再次装入银合金管中；再经过一系列连续的拉拔工艺后，可以得到多芯线；多芯线材通过轧制最终成形为超导带材。

（3）形变热处理过程　将制成的单芯或多芯带材放入热处理炉中，热处理过程一般要进行多次，其间有中间变形过程，目的就是要将银套管内的超导前驱粉充分转化为高温超导相 Bi-2223 相，并且形成较强的 c 轴织构。

2.1.3　稀土钡铜氧导线

第二代高温超导体以 $YBa_2Cu_3O_7$（或者是稀土元素 Re 代替 Y 而成的 $ReBa_2Cu_3O_7$）为主体，一般是在金属基底上采用覆膜工艺生产，所以第二代超导体也被称为涂层导体（Coated Conductor）。$YBa_2Cu_3O_7$（YBCO）是在 1987 年被美国华人科学家朱经武所发现的[3]，它的临界温度 T_c 在 92K 左右[7,8]，是第一个被发现的可以在液氮温区工作的超导材料。

与 Bi 系超导材料相比，YBCO 在液氮温区具有更高的不可逆磁场[9]，它在 77K 时有 8T 左右的不可逆磁场，远高于 Bi-2223 的 0.3T，在液氮温区能够保持强磁通钉扎和良好的高场性能，YBCO 在液氮温区的高场下相比其他超导材料具有更大的电流传输优势；而且以它为主体的第二代高温超导线使用价格低廉的镍基合金或者不锈钢带作为衬底，材料成本低于需要使用银的第一代 Bi 系超导线，同时镍基合金或者不锈钢衬底的使用，使得第二代高温超导线具有足够的机械强度和良好的柔性，满足各种电气设备的加工要求，所以目前是制备工作于液氮温区高场磁体的最佳材料，也是未来应用于电网的最理想材料。由于 YBCO 晶粒之间的结合较弱，难以像 Bi 系超导线一样使用套管法来制备，而且 YBCO 晶界之间的弱连接在很大程度上限制着 YBCO 的电流传输特性，其临界电流密度随着晶界夹角的增加而指数衰减[10]，因此高性能的 YBCO 必须具备双轴织构，所以目前 YBCO 主要通过薄膜生长的方法来制备。

第二代高温超导导线的主要结构包括一层柔性的金属基底、若干层氧化物过渡层、超导层和保护层。金属基底的作用是为超导导线提供足够机械强度和良好的柔性，主要使用镍基合金等；过渡层的作用是阻隔金属基底和超导层之间的元素扩散，而且，紧贴超导层的过渡层需要为超导层的外延生长提供模板，通过晶格匹配使其获得双轴织构。因此在制备第二代高温超导导线时一般需要沉积多层氧化物过渡层，而且作为超导层生长模板的过渡层需要选择与 YBCO 晶格常数接近的材料。保护层一般使用铜或银来保护超导层。

2.2 超导材料研究现状

2.2.1 二硼化镁材料的研究与生产

美国 HyperTech 公司与俄亥俄州立大学、麻省理工学院、澳大利亚伍伦贡大学等研究机构开展广泛合作，在 MgB_2 导线制备及应用研究方面走在了世界前列。HyperTech 公司在 PIT 法基础上采用独特的"粉末装管连续包覆焊管加工（CTFF）"技术，实现了千米级 MgB_2 长线的流水化生产。HyperTech 公司使用自行研发的多芯线材进行磁体制备，做出了很多突破性工作。通过"先绕制后反应"方法制备的超过 3000 匝的螺线管线圈，在液氢下得到了高达 3.9T 的中心磁场。HyperTech 还负责为 NASA 2MW 的超导发电机项目制作液氢下使用的跑道型线圈，其中性能最好的线圈在 4K 下达到了 400A 临界电流[11]。

意大利 INFM-LAMIA 实验室与 Columbus Superconductors 公司开发出成熟的先位 PIT 法制备 MgB_2 单芯/多芯长带。其带材截面结构如图 2.1 所示：单芯导线先封进 Ni 包套，中心 Cu 稳定层可防止因 MgB_2 局部失超而引起的热不稳定性，由于轧制后的带材要在 900～1000℃ Ar 气氛下热处理，采用 Fe 作为 MgB_2 与 Cu 之间的阻扩散层。2005 年，INFM 已经可连续制备 20K，1T 磁场下临界电流 125A 的千米级长带。

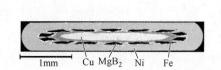

1mm　Cu　MgB_2　Ni　Fe

图 2.1 意大利 INFM 公司生产的多芯 MgB_2 长带

INFM 公司的另一研究重点在于对前驱粉的优化，通过对前驱粉进行高能球磨，冷冻干燥，SiC 纳米粉末掺杂等方法改善磁场下电流性质。经过冷冻干燥的 B 粉平均晶粒大小从 350nm 减小到约 70nm，且更加均匀。将 MgB_2 前驱粉与 SiC，C 纳米粉一起进行高能球磨，晶粒细化和掺杂效应同时得到体现，最优化的样品在 4.2K，13T 磁场下临界电流达到 20A。

以日本日立公司、中央铁路公司与国家材料科学局（NIMS）为代表的产学研机构在 MgB_2 材料的制备及应用研究方面也做出了很多成果。2004 年，三机构联合研发，用原位 PIT 法制备出百米级多芯 MgB_2 超导线。导线采取不锈钢和铜复合包套结构，制备过程中无热处理，在 4.2K，0T 和 1T 磁场下临界电流分别

达到 $3.7 \times 10^5 A/cm^2$ 和 $1.0 \times 10^5 A/cm^2$。此后,他们又采用 Fe/Cu 复合包套结构用原位法制备出 130m 单芯长线。其中的 58m 被用于绕制一个 459 匝的线圈,在 25K 下达到了 100A 的临界电流并产生了 1T 磁场[12]。

我国在 MgB_2 线材制备领域也做了很多研究工作,研究不同包套材料的影响,MgB_2 超导体的成相与掺杂机理等。主要研究机构有:西北有色金属研究院,中科院电工所应用超导重点实验室以及各大高校等。其中,西北有色院开发出特殊线材带材轧制技术,成功制备了高质量 MgB_2/Fe/Cu 长线材,成功制备了 310 匝 MgB_2 磁体,在液氢下可产生磁场 2.02T[13]。

2.2.2 Bi-2223/Ag 高温超导导线国内外现状

Bi-2223/Ag 高温超导导线自 20 世纪末成功采用粉末套管法(PIT method)制备出长线以来,经过多年的发展其技术已经比较成熟。国内外具备了批量化生产千米长带能力的公司有美国(AMSC)超导公司、中国北京英纳(INNOST)公司、德国布鲁克(Bruker)公司、日本住友电工(SUMITOMO)公司等多家公司。目前世界上 Bi-2223/Ag 高温超导导线年生产能力总和已达几百至上千千米,为其真正的产业化应用提供了坚实的基础。

日本住友电工自高温超导发现以来就开始进行高温超导导线的研制,拥有深厚的科研基础。2006 年,日本住友电工组建了 30MPa 的冷壁式 Controlled O-verpressure(CT-OP)热处理方案,成功制备临界电流达到 150A,这一成果引起了世界同行的极大关注。

北京英纳超导技术有限公司专注于铋系高温超导线材的生产和应用项目,为国内高温超导行业顶尖的企业,生产的高温超导线材产品的综合性能位于世界第二,现年产能 200km。公司与清华大学和很多科研院所建立合作关系,并作为中国国家应用超导技术项目的核心供应商、国际热核聚变 ITER 等项目的供应商,参与了国家科技部及国外专项基金扶持的高温超导电缆、变压器、电机、限流器、大电流引线和磁体的应用研发工作。

2.2.3 Bi-2212/Ag 高温超导导线国内外现状

经过近 20 年的研究,多芯 Bi-2212 超导线(带)材的载流性能已基本达到工程应用的要求,并已在国外实现了产业化生产。目前生产 Bi-2212 超导材料的公司主要有日本昭和电缆(Showa)公司、美国的 OST 和欧洲的 Nexans[14]。

日本昭和电缆(Showa)公司研制的多芯 Bi-2212 带材在 4.2K,10T 背景场中 J_c 达到 500,000A/cm^2,其采用 PAIR 工艺制造的 Bi-2212 浸涂带材的最高 J_c 在 4.2K 可达 710,000A/cm^2,在 10T 外场中仍有 350,000A/cm^2,该性能已满足高频核磁共振谱仪(NMR)的内插磁体和其他高场磁体应用的要求。

日本中部电力、东芝公司和昭和电缆公司联合研制的 Bi-2212 多芯线 J_c 分别达到 200，000 A/cm^2（4.2K，10T）和 180，000A/cm^2（4.2K，20T），并且已成功应用于 10MJ-10MW 的超导磁储能系统（SMES）的螺线管绕制。

美国牛津仪器公司（OST）采用 PIT 工艺研制的 595 芯（85×7）线材在自场下 J_c 值为 140，000A/cm^2，在 25T 外场下 J_c 为 40，000A/cm^2，在高达 45T 的磁场中仍保持着 26，600A/cm^2 的工程临界电流密度。

欧洲 Nexans 超导公司研制的长 1500m 的 2212 多芯带材在 4.2K 零场条件下 J_c 达到 120，000 A/cm^2，在 20T 垂直外场中 J_c 为 50，000A/cm^2（4.2K）。

目前，国内对 Bi-2212 材料的研究仅限于单晶、薄膜及其相关物性的研究，在 Bi-2212 超导多芯线（带）材的制备技术及应用方面与国际先进水平差距较大。

2.2.4 ReBCO 高温超导材料国内外现状

第一代高温超导材料已经商业化，但是它的成本居高不下，已经基本达到下限，难以满足大规模应用的要求；相比而言，第二代高温超导材料的成本具有很大的调节空间，而且它具有许多第一代高温超导材料不具备的优势，因此是目前高温超导导线发展的主要方向和热点。

美国的高温超导发展模式是政府牵头，在美国能源部（Department of Energy，DOE）的支持下，由政府和企业共同出资，促进高科技公司企业、国家实验室、大学之间的紧密合作，共同进行高温超导材料的研发工作。在 2000 年，美国能源部（DOE）和能源技术办公室（OPT）就开始了 ACCI（Accelerated Coated Conductor Initiative）计划，每年投资 1000 万美元用于加速高性能 YBCO 第二代高温超导导线的连续制备技术的研究，以确保美国在这一领域的领先地位。

经过十几年的发展，美国的第二代高温超导导线的制备技术已经相当成熟，在这方面具有代表性的公司和国家实验室有：SuperPower 公司和美国超导体公司（American Superconductor Corporation，AMSC）、洛斯阿拉莫斯国家实验室（Los Alamos National Lab，LANL）和橡树岭国家实验室（Oak Ridge National Laboratory，ORNL）等。国家实验室负责 YBCO 生长机理的探索、制备技术的研发和优化，公司企业负责把这些技术规模化、产业化。

SuperPower 和洛斯阿拉莫斯国家实验室合作，采用的是 IBAD 技术路线。他们在 Hastelloy 镍基合金基带依次沉积 Al_2O_3、Y_2O_3 之后，利用 IBAD 技术沉积具有双轴织构的 MgO，然后外延生长一层 $LaMnO_3$，最后通过 MOCVD 方法沉积 YBCO。目前，SuperPower 已经具备制备千米级 YBCO 线材的能力，2011 年的产量是 150km，平均临界电流达到 300A/cm-宽度@（77K，0T）[15]。AMSC 采用的是

RABiTS 路线，采用的基带是 RABiTS 技术制备的 Ni-W 合金基带，YBCO 超导层的制备采用的是 MOD 方法[16]，年产量大于 700km。目前，两家公司均有适用于不同器件（如电缆、磁体）的各种 YBCO 导线的现货出售。

日本的高温超导的发展模式和美国的比较相似，政府部分 NEDO（New Energy industry technology Development Organization）出资支持，实验室和公司企业紧密合作，共同研发。其组织形式是由日本国际超导产业技术研究中心（ISTEC）带头，承接 NEDO 项目，许多公司和研究机构，如藤仓公司（Fujikura）、昭和电缆（Showa）、日本住友电工（SUMITOMO）、日本中部电力（Chubu）等，参与其中，共同完成超导导线的制备研发、应用开发以及把这些技术产业化、商业化的工作。

在第二代导线制备方面，Fujikura 处于第一位。最早将 IBAD 技术引入第二代高温超导导线制备领域的就是日本 Fujikura 公司，从 1991 年开始，他们就开始基于 IBAD 技术的第二代高温超导材料制备技术的研发[17]。早期，他们使用 IBAD 技术在 Hastelloy 镍基合金上沉积氧化钇稳定氧化锆（Yttria-Stabilized Zirconia，YSZ）来引入双轴织构，使用 PLD 方法制备 YBCO 超导层，在 21 世纪初，已具备生产米级线材的能力[18]。2002 年，他们发现 $Gd_2Zr_2O_7$（GZO）只需要 YSZ 的一半厚度就能形成双轴，于是他们使用 GZO 代替 YSZ 作为引入双轴织构的过渡层来提高线材的制备速率[19]。2004 年，Fujikura 制备出世界上第一根 100m 级二代超导线材[20]；2004 年左右，在 NEDO 项目的支持下，他们引入具有 110cm×15cm 的辅助源的 Reel to Reel IBAD 系统，使得制备长带的能力大大提高[21]。

Showa 在第二代导线制备方面使用的是 Fujikura 提供的基带（在 Hastelloy 镍基合金上通过 IBAD 技术沉积 GZO 形成双轴织构后再通过 PLD 方法外延生长一层 CeO_2），然后通过 TFA-MOD 的方法生长 YBCO，这是唯一与 Fujikura 有区别的地方。目前，他们制备的导线也达到了 500m，77K 自场中临界电流达 300A/cm-宽度[22]。

欧洲在第二代导线制备方面具有代表性的是德国的 Bruker 公司和 Theva 公司，Bruker 公司采用的 ABAD（Alternating Beam Assisted Deposition）路线，他们在 2009 年报道已经制备出 3000m 的 YBCO 导线，在 77K 的自场临界电流 250～500A/cm-宽度[23]。Theva 公司采用的 ISD 路线，他们的工作主要集中于研发 ReBCO 厚膜的制备技术[24]。

韩国的 SuNAM 公司是新起之秀，他们于 2009 年引进二代导线生产线之后，二代导线的制备能力突飞猛进，现在已经在二代导线的市场中占有一定的份额，他们采用的 IBAD 路线，所制备导线的结构的唯一不同点是它的超导层是使用电子束共蒸发方法制备的 REBCO[25]。

我国从 20 世纪 90 年代初期就开始了第二代高温超导导线制备技术的研究，

在"863"计划和"973"计划的支持下，国内的一些研究单位，包括西北有色金属研究院、北京有色金属研究院、清华大学、上海交通大学、成都电子科技大学等[26]，在二代导线的金属基底、过渡层、超导层的制备、表征等方面也进行了一定的研究。目前，在国内上海超导公司等单位具有制备二代导线的能力。

2.3 超导材料制备技术研究

2.3.1 二硼化镁导线关键技术

生产 MgB_2 线带材，最常用的方法是 PIT 法。其中 PIT 法又分为原位法和先位法[27]。在原位 PIT 方法中，一定化学计量比的 Mg 和 B 前驱粉被封装在金属套管中，冷加工成所需形状后在真空或 Ar 气氛下后续热处理形成超导 MgB_2。热处理温度一般在 600～1100℃。

先位 PIT 法中，已经烧结形成的 MgB_2 前驱粉末直接填充进金属套管中，可无需热处理而直接冷加工形成所需的超导线材或带材。2001 年 Grasso 等人对 Ni 包套的 MgB_2 线材直接拉拔得到的超导线具有 4.2K 下高达 $10^5 A/cm^2$ 的临界电流，Kumakura 等人制备的不锈钢包套 MgB_2 材料，在没有热处理的条件下也得到了 4.2K，5T 磁场下 $10^4 A/cm^2$ 的临界电流[28]。这大大简化了导线制备的工艺流程，扩大了包套材料的选择范围，有助于 MgB_2 超导材料的规模化生产。但由于冷加工过程会导致相不均匀性，产生晶粒间微裂缝，并有可能产生织构增大导线的磁场各向异性，先位法生产 MgB_2 超导材料一般还是会进行一定程度的热处理以增强晶粒间的连接度和致密性，从而达到提高先位 PIT 导线临界电流的目的。

美国 HyperTech 公司开发出一套"粉末装管连续包覆焊管加工"（CTFF）专利技术用于连续制备 MgB_2 线材，2007 年时已具备成熟制备 5km 长线水平，并努力向着 30km 的目标发展（30km 为商用 NbTi 超导线的制备长度）。前驱粉末在传送带上连续填充至金属带，金属带通过机械冲压变形成为包覆着前驱粉的套管，通过后期的拉拔和热处理过程（一般是在 700℃ Ar 气氛下处理 20～40min）最终形成单芯或多芯的线材。根据前驱粉末的不同，CTFF 技术在制备单根 MgB_2 胚管时也分为"先位法"和"原位法"两种方式，其中"原位法"因其制备简单，有较低的热处理温度以及易于掺杂的特性被广泛用于制备标准商用线材。

为增强 MgB_2 导线在磁场下的临界电流，HyperTech 与伍伦贡大学，俄亥俄州立大学联合进行研究，得出了纳米级 SiC 掺杂能有效提高 MgB_2 电流，磁场性能的结论。在最优化的掺杂和热处理条件下，MgB_2 线材短样的上临界场合不可逆场可分别高达 29.7T 和 25.4T。

美国国家标准局对 HyperTech 生产的各种 MgB_2 导线进行了不可逆应力极限的测量，发现其随着导线芯数增加而增大。这说明增加芯数以及进一步减小单芯 MgB_2 线的截面积有助增强导线的机械性能。HyperTech 尝试制备了各种实验性质的线材，包括多达 61 芯的 Nb/Cu/Monel MgB_2 线，直径 0.07mm 的单芯线以及直径 0.117mm 的 7 芯圆线等。

2.3.2　Bi-2223/Ag 高温超导导线关键技术

前驱粉的制备可以采用多种方法，如固态烧结、溶胶凝胶法、气溶胶分解法、草酸盐共沉淀法、硝酸盐喷雾热解法等。其目标是要制备得到具有合适的化学成分、相组成、粒径大小及分布和纯净度的粉体。前驱粉的各种物理化学性质对带材制备过程中以后的各个阶段工艺和最终成品都有重要的影响。主要的影响因素包括前驱粉的组分（如阳离子的化学计量比和杂质含量）、相的种类和分布以及颗粒的粒度和分布等。前驱粉的相组成对于最终带材的微观组织结构和性能都有重要的影响。具有相同化学成分而不同相组成的前驱粉，制备出来的带材性能可能大相径庭，也可能没有区别，这与他们所采用的具体工艺参数和实际的工艺条件有一定的关系。即使这样，有一点能肯定的就是，前驱粉的相组成会影响到热处理过程中生成 Bi-2223 的成相机制，并因此会影响到成品带材的微观组织和性能。经过多年的研究，普遍采用的前驱粉的相组成是以含 Pb 或者不含 Pb 的 Bi-2212 为主相，并辅以适当的碱土铜酸盐相（即 Sr-Ca-Cu-O 相）和含铅相。

机械变形过程在用 PIT 工艺制备高性能的 Bi-2223/Ag 超导长带过程中起着重要的作用，理想的机械变形过程应当做到以下几点：使最终带材的几何形状和尺寸（包括长度、宽度和厚度）能够满足特定场合下的应用；超导芯的几何分布和密度应当是均匀的，要避免宏观裂纹的出现；尽量提高超导芯密度和晶粒织构度。"香肠效应"是轧制过程中最常见的一种不均匀现象，它是银包套层和超导芯之间的一种波纹状的界面。这种效应不仅损害了线材的超导性能，还会引入各类缺陷和机械性能的不均匀，降低线材的弯曲和拉伸强度，甚至引起线材的断裂。Han 和 Freltoft 提出的粉末流动模型，从机理上对香肠效应进行了解释。Han 等认为在轧制初始阶段，银包套材料驱动超导前驱粉流动从而使粉末致密化，当前驱粉体达到临界密度后，由于颗粒之间的摩擦，粉末流动将会停止，而此时前方未变形处前驱粉的填充密度还未达到临界值。银包套材料可以施加在粉末上的最大压力受到了带材纵向自由度的限制，过大的轧制力会推动银越过超导粉末致密的区域而继续流变，当到银达到粉体密度较小的区域时便会驱动前驱粉再次流动，这样就产生了周期性的香肠效应。根据粉末流动模型，可以通过对自由度参数的调整，来得到均匀的形变组织[29]。

热处理是促使 Bi-2223/Ag 带材中的前驱粉发生反应，转变成 Bi-2223 超导相的过程，是使带材具有超导能力，是决定带材最终的 J_c 性能的关键。通过优化热处理参数，获得具有理想的 Bi-2223 相的 Bi-2223/Ag 带材是人们一直不断研究的课题。典型的热处理工艺包括第一次热处理（The first heat-treatment，HT1）、第二次热处理（The second heat-treatment，HT2）和后期热处理（The postannealingheat-treatment，PA）三个热处理过程。通常 HT1 和 HT2 工艺参数是一样的，它们只是被插入的中间轧制（Intermediate Rolling，IR）过程分成了两个热处理过程。影响热处理过程的因素很多，其中对最终带材性能影响较大的几个参数是：温度（Temperature，T）、氧分压（P_{O2}）、时间（Time，t）和升降温速率。一般来讲，这些参数并不是相互独立的对带材性能的产生影响，需要结合考虑，共同优化。一般来说，带材的 J_c 随着热处理保温时间的增加而升高，在约 100h 时，达到最高；过长的保温时间对提高带材的性能无益，反而会使性能下降。实际的热处理时间必须根据实际的工艺改进，配合其他参数共同优化得到，并不是一个固定值。此外，还有一些非常规的热处理方法，也可以应用于制备 Bi-2223/Ag 带材。考虑到 Bi-2223 相具有强烈的顺磁磁化率各向异性，磁场熔化处理织构（Magnetic Melt Processing Texturing，MMPT）工艺通过加载强静磁场，能促使从熔融状态凝固生长的 Bi-2223 晶粒沿顺磁化方向取向择优生长，形成取向织构。然而因为需要经历熔融状态，这样的处理过程现阶段还很难实际应用于 Bi-2223/Ag 带材的制备。

一般常压制备的 Bi 系高温超导导线临界电流密度较低，其导线的性能还有很大的提高空间。由粉末装管法制备 Bi 系导线的特点可以看出，导线超导芯内部是由 Bi-2223 多晶超导体以及不可能完全转化的第二相组成。因此，超导电流在导线流动中涉及超导电流的连接问题。致密化的超导芯以及良好的微观晶粒排布是获得高 J_c 带材的关键因素。然而在常压条件下制备的带材中仍然存在一定量的裂纹和孔洞，再加上常规工艺所无法完全去除的第二相粒子等，这些都会使得带材织构变差、超导芯密度降低、超导连接性能受破坏。要想获得高 J_c 的 Bi 系超导带材，必须采用新的方法减少超导芯中的裂纹和孔洞，从而可以改善带材中的晶粒连接，提高带材的传输性能。以上所提到的裂纹、孔洞等缺陷通常是在带材的热处理过程中形成的。研究结果表明，带材在常压热处理过程后会发生膨胀，其超导芯的密度要比热处理前减小 20% 左右，仅达到理论密度的 73%。如果采用高压热处理（Hot Isostatic Pressing，HIP；也被称为 Over Pressure，OP）技术，则可以对带材进行原位的形变热处理过程。高压惰性气体则可以使带材致密化，提高超导芯的密度，减少超导芯中的孔洞、裂纹等缺陷，从而有效地提高超导带材的临界电流密度。

一般普通的 Bi-2223/Ag 带材由于其 Bi-2223 材料的陶瓷结构以及外部银基

体不高的杨氏模量，使得 Bi-2223/Ag 带材的抗拉强度有限。在一些带材需要承载高机械载荷的场合，如运行中大的电磁力或者用线材绕制器件时的局部产生大应力情况下，用普通的 Bi-2223/Ag 带材就极有可能超出其临界拉伸强度，从而造成带材内部陶瓷芯的断裂，并最终导致带材性能的急剧恶化。为了避免此种情况的发生，各主要 Bi 系带材生产厂商都进行了金属或合金强化的 Bi-2223/Ag 加强带材的研发和生产，以提高带材的杨氏模量和屈服强度，适应高强度载荷的应用。通常选取青铜或不锈钢等高强度金属或合金作为加强材料，典型的加强带具有三明治结构，中间部分为普通 Bi-2223/Ag 带材，上下两层为加强带材料，通过锡焊将其与带材紧密焊接在一起。

2.3.3　Bi-2212/Ag 高温超导导线关键技术

粉末装管法（Powder-In-Tude，PIT）工艺制造多芯线（带）材制造 Bi-2212 带材的典型工艺流程，如图 2.2 所示。首先，将适当配比的前驱粉（如超导氧化物粉末）填充到金属（如银）套管内，拔丝成线，经过多芯化步骤后，再进行多芯细线化，然后机械加工（挤压、拉拔、轧制）成要求的形状（线或带），再经过热处理或多次反复的形变热处理，得到最终成品。PIT 线（带）材由于外面包裹有 Ag 层或 Ag 合金层，机械强度高，并且制备工艺重复性良好，可进一步加工成大载流缆材，因此工业上通常采用 PIT 法制备 Bi-2212 超导材料。目前采用 PIT 法已可批量制备出满足工程应用要求的千米量级长线（带）材。

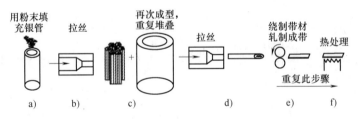

用粉末填充银管　拉丝　再次成型，重复堆叠　拉丝　绕制带材轧制成带　热处理

a)　b)　c)　d)　e)　f)

重复此步骤

图 2.2　PIT 制造 Bi-2212 线（带）材的典型工艺

PIT 工艺需要采用熔化热处理技术（Melt-processing，MP）使 Bi-2212 线（带）材超导氧化芯致密化和晶粒织构化。首先将 Bi-2212 材料加热到 2212 相包晶反应温度以上，使 Bi-2212 相部分熔化，然后慢冷到 2212 成相温区，使 2212 晶体从液相重新析出并取向生长。采用普通的熔化处理，不能使整个超导氧化芯丝截面的织构都得到提高。为了扩展 2212 织构区域从而进一步提高临界电流，P. Derango 等提出了磁场熔化工艺（Magnetic melt processing，MMP），即在带材部分熔化过程中外加磁场来制备 Bi-2212 带材。MMP 工艺对诱导高温超导体的二维片状晶粒织构化生长非常有效。由于 Bi-2212 带材晶粒的顺磁磁化率具有很强的各向异性，在磁场作用下，2212 晶粒最大磁化率的轴线（c 轴）趋于平行

于磁场方向。如果外加场垂直于带材表面，在高温熔化处理时，2212 晶粒 c 轴将趋于垂直于带材表面，从而获得良好的板织构。人们采用磁场熔化工艺已成功制备出整个超导氧化芯丝截面晶粒都高度取向的 Bi-2212 材料。

2.3.4 ReBCO 高温超导导线关键技术

离子束辅助沉积（IBAD）技术是指在物理气相沉积薄膜的同时，使用较低能量（一般为数百 eV）的离子束对薄膜进行辅助轰击，从而起到有效提高薄膜沉积质量的作用，例如改善薄膜的晶化程度、提高薄膜与基底的结合能力、优化薄膜织构等。IBAD 示意图如图 2.3 所示。在二代超导材料制备过程中，只要是通过 IBAD 技术引入双轴织构，1991 年，日本 Fujikura 公司的 Y. Iijima 等人开始使用 IBAD 技术制备 YBCO 涂层导体，正是这一进展开辟了制备具有双轴织构的涂层导体的研究领域，首次解决了在无双轴织构的金属基底上制备高性能的 YBCO 薄膜的问题。

IBAD 技术的优点是对金属基带材料的选择没有特殊的要求，可以使用镍基合金、不锈钢作为基带，而且它对基带的织构也没有要求。但 IBAD 技术的使用需要高真空环境，因此具有设备复杂、价格昂贵的缺点。目前，能够通过 IBAD 技术沉积来获得双轴织构的氧化物材料有：YSZ（氧化钇稳定氧化锆）、GZO（$Gd_2Zr_2O_7$）、MgO。由于 YSZ 的厚度需要达到 μm 以上才能产生，这不利于生产速率的提高，现在已经基本被淘汰。使用 GZO 的主要是日本的一些公司或研究单位，如 Fujikura。GZO 只需要 YSZ 的一半厚度就能产生双轴织构，但相比于 MgO 只需 10nm 左右就能产生织构，在生产速率方面还是处于劣势。

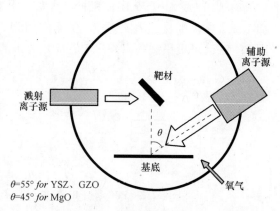

$\theta=55°$ for YSZ、GZO
$\theta=45°$ for MgO

图 2.3 IBAD 示意图

轧制辅助双轴织构基带（RABiTS）技术的原理是：金属在定向轧制和热处理的过程中，晶体会产生择优取向，称为加工织构和再结晶织构。为了能够外延生长 YBCO 薄膜，金属基带必须要选择具有与 YBCO 接近的晶格常数的材料，这就在很大程度上限制了金属基带材料的可选范围。基于纯镍易于变形、具有较强抗氧化能力、其他性能（如晶体学、物理及化学性质）较为符合等特点，镍及其合金成为采用 RABiTS 技术制备 YBCO 涂层导体的基带的主要材料。1996 年，美国 Oak Ridge 国家实验室的 A. Goyal 等人[32]最早使用 RABiTS 技术制备了 YBCO 涂层导体。目前，使用的比较广泛的 RABiTS 基带主要是 Ni-5 at% W 合金基带。

目前 IBAD 技术路线和 RABiTS 技术路线中最常用的金属基带分别是 Hastelloy C276 和 Ni-5 at% W 这两种镍基合金。Hastelloy C276 在机械性能、抗氧化、抗腐蚀、与超导层的热膨胀系数匹配方面优于 Ni-5 at% W，而且 Hastelloy C276 没有磁性、不要求有织构，价格远低于 Ni-5 at% W 基带。因此，对比于 RABiTS，IBAD 在基带选择方面的优势很明显。在前面曾提过，过渡层有一个作用是阻隔金属基带和超导层之间元素的扩散，而在这方面，非晶薄膜的阻隔能力远强于普通多晶薄膜。因此，如果使用 IBAD 技术路线，可以在引入双轴织构之前先在基带上沉积一层非晶薄膜，而反观 RABiTS 技术路线，它的过渡层必须是双轴织构的，所以要达到同样地阻隔效果，RABiTS 过渡层的厚度通常要大于 IBAD 的，这就降低了生产速率。IBAD 技术在许多方面比 RABiTS 有优势，目前是大多数研发单位的首要选择，而且使用 IBAD 技术路线的研发机构的产品也是处于领先地位，如日本的 Fujikura 和美国的 SuperPower。

目前，在世界范围内广泛用于制备超导层的工艺方法主要有脉冲激光沉积（PLD）、金属有机盐溶液沉积（MOD）、金属有机盐化学气相沉积（MOCVD）、电子束共蒸发这几种：脉冲激光沉积（PLD）使用激光照射 YBCO 陶瓷靶材，当入射激光能量超过一定阈值时，靶的各组成元素具有相同的脱出率，在空间具有相同的分布，因而可以保证在基底上沉积的薄膜的成分与靶材的成分一致[33]。

金属有机盐溶液沉积法（MOD）是使用含有 Y、Ba、Cu 的有机盐按一定的比例配制成胶状溶液，然后涂覆于基底上，再经过热处理等步骤制备 YBCO 薄膜的方法。目前，为了避免在 YBCO 薄膜中引入杂相，一般使用金属三氟乙酸盐（Metal Trifluoroacetates）作为前驱母料，所以这种改进的 MOD 方法也称为 TFA-MOD 法（三氟乙酸有机盐溶液沉积法）。TFA-MOD 法日渐成熟，已能制备出较高质量的 YBCO 涂层导体[34]。

金属有机化学气相沉积法（MOCVD）是一种适合大规模生产的工业化制膜方法[35]。MOCVD 法制备 YBCO 薄膜的过程是将元素 Y、Ba、Cu 的有机盐（如四甲基庚二醇盐）混合溶入有机溶剂（如二甘醇二甲醚，二甲苯）中，然后将溶液输入带式蒸发器，由蒸发器将溶剂和有机盐类分开，溶剂冷凝重复使用，而有机盐呈气相进入反应腔体内沉积在基底上反应得到 YBCO 薄膜。此方法的优点有生产能力大，利于批量生产。

2.4　超导材料技术问题分析

2.4.1　二硼化镁导线的主要问题

虽然各种各样 MgB_2 块材、线材以及薄膜样品的制备方法不断涌现，但大部分方法都存在如下问题：Mg 的熔点（651℃）和沸点（1107℃）较低，高温下蒸气压较高，在热处理过程中 Mg 会以较大速率挥发，导致化学失配，因此必须在密闭容器中进行反应。另一方面，Mg 的化学活性较高，容易和容器发生反应，也极易被氧化生成影响超导特性的杂质相，因此只有很少一部分过渡金属可用来制作 MgB_2 晶体生长的容器，热处理一般在真空或惰性气体环境下进行[36]。

  MgB_2 线带材的临界电流随着磁场增加而迅速下降，这是制约 MgB_2 应用前景的主要因素。目前普遍采取掺杂方法提高线带材的磁场和电流性能，但这同时会引入杂质相，有可能破坏超导性能，也会干扰人们对于掺杂机理的探索。优化工艺参数，阐明磁通钉扎机理，重复性生产出磁场下性能稳定的 MgB_2 线带材，还需要进一步的探索。

  基于 MgB_2 的应用研究以超导磁体为主流。虽然目前已经取得了一些结果，但大部分停留在线圈绕制和磁体设计模拟方面，还有很多研究工作亟待展开，如线材的应力应变特征、热磁稳定性等。此外，已经在实验室范围内完成的磁体还是以液氦作为制冷介质，而实际应用时需采用制冷机或液氢以降低制冷成本。对 MgB_2 磁体制冷机的研发还处在很初步的阶段，液氢也尚未成为一种成熟的制冷剂——这些都成为制约 MgB_2 磁体实用的瓶颈。

2.4.2　Bi-2223/Ag 高温超导导线的主要问题

  尽管 Bi-2223/Ag 带材在形成最终成品带材之前经历了多步热处理和中间形变过程，仍不能完全形成 Bi-2223 纯相，通常最终带材的 Bi-2223 相含量在 95% 以上。剩下的即为其他不期望出现的第二相。第二相往往存在于 Bi-2223 晶粒连接处，阻碍了超导相的晶粒连接，不利于超导电流的导通。

  Bi 系超导体强烈的各向异性使得其晶粒具有强烈的片状特征，单个的 Bi-2223 相晶粒的宽度通常超过其厚度的 100 倍。通过 TEM 的观察发现，Bi-2223 相晶粒还具有群聚的特征，即一个 Bi-2223 相晶粒实际上是由若干个具有相同 c 轴方向的单晶重叠而成，而这些单晶相互之间呈一定的扭转角度。Bi-2223 相晶粒的排布方式直接影响到晶粒间超导电流的导通。一般认为，在单个晶粒内超导电流可以在 Cu-O_2 面内流动，但是对于上千千米由多晶构成的超导带材来说，晶粒间的超导电流需要跨越很多晶界。有人将 Bi-2223 相中非晶粒簇内的晶界分为两种：一种是倾侧晶界，另一种是共边晶界。倾侧晶界的界面是沿一侧晶粒的 $(00l)$ 晶面，Cu-O_2 面不通过晶界；而另一侧是晶粒的侧面，含有 Cu-O_2 面。对于这样的界面结构超导电流不易从一个晶粒传导到另一个晶粒，需要穿越 $(00l)$ 晶面含有的绝缘层。共边晶界相比来说更容易导通超导电流，因为其晶界两侧的 Cu-O_2 面在界面上直接相连。

在 Bi 系超导体中，除了 Bi-2223 相超导相以外，通常还含有数量大小不均的第二相。它们的存在阻碍了超导相晶粒的连接，不利于超导电流的导通。非晶相本来是热处理过程中的液相，除了在降温过程中，液相会部分晶化以外，残余的液相通常会以非晶相的形式存在于晶粒之间，阻碍电流的导通。另外，带材中间还有可能有一些残留的气泡、孔洞和微裂纹等。所有这些因素都有可能阻碍超导电流的导通，他们是超导相晶粒间的弱连接产生的原因。正是这些弱连接的存在，直接限制了带材的 J_c。从微观上来讲，只要不是超导的 Cu-O_2 面直接相连，都可以认为是弱连接。

实际带材中电流的导通，主要用两种模型来描述：砖墙模型和铁路岔道模型。砖墙模型认为超导电流不仅在 Cu-O_2 面内能直接导通，而且能在 Cu-O_2 面间导通。当两个晶粒沿着 ab 晶面以较大的面积接触时，超导电流就能穿透晶界进入临近的晶粒。铁路岔道模型认为电流仅能沿 Cu-O_2 面导通，不能穿透 ab 晶面；晶粒间的小角倾侧晶界是强耦合区，晶粒通过这些晶界连接在一起共同承载电流。实际上，除了共边晶界可以让 Cu-O_2 面直接相连以外，其他各种晶界都不免会阻挡 Cu-O_2 面的连接。晶界会阻碍超导电流的导通，起到了弱连接的作用。因此，如何改善 Bi-2223/Ag 带材中晶粒的弱连接问题，以及如何有效地消除第二相，净化 Bi-2223 晶界成为进一步提高带材 J_c 的关键。

超导的直流零电阻特性使得其在通以稳恒直流情况下，可以无损耗地承载电流。然而，多数情况下高温超导导线被通以交流电或处在交变磁场中，此时超导体将出现交流损耗。超导体的交流损耗将导致其发热，如果热量不及时排出去，将会导致温度升高从而使载流能力下降。因此，交流损耗的产生对于实际超导体运行很不利，其冷媒或制冷机功率的消耗增加了其运行成本，因此在应用中要尽量减小交流损耗。

为了体现出高温超导体在电力系统应用方面的优势，就必须尽可能减小其交流损耗。国际上一般认为，当高温超导带材的交流损耗在 $0.3\sim0.5\,\mathrm{W/(kA\cdot m)}$ 范围内，其节省能源方面的优势就可以很好地体现出来。基于交流损耗的各主要部分产生的原因，通常采用增大带材的宽厚比、增大基体电阻率、扭绞、细丝化、减小磁场垂直分量等手段来减小交流损耗。

由于组成 Bi-2223/Ag 导线的复合材料一部分为陶瓷性的 Bi-2223 超导材料，另一部分为强度不是很高的银或银合金，因此其机械强度并不高，通常其屈服强度在 100MPa。为了适应对导线强度要求高的场合，Bi-2223/Ag 导线生产厂商开发出了具有高强度金属或合金加强的 Bi-2223/Ag 加强型带材。生产加强带的工艺难点在于以下几个方面：①高强度金属/合金带与超导带的焊接。对焊料的选择，主要考虑 Bi 系高温超导体本身焊接时对温度的要求，减少焊接过程中可能对高温超导线材电性能带来的影响。对助焊剂选择，主要考虑铋系高温超导线材本身结构特点及内部陶瓷超导芯的要求，根据各种助焊剂的活性、腐蚀性以及酸性来选择与之相匹配的助焊剂。焊接参数包括焊接温度、焊接速度等。②焊接用金属线材的选择。可选用比银强度高的金属或合金作为加强带的加强材料，通常选取铜合金或不锈钢材料等。加强材料的选择直接决定加强带的机械性能。其参数主要包括：杨氏模量、屈服强度、材料的厚度等。③焊接实验装置和设备的搭建。根据以上对材料的要求需要设计相应的设备进行加强带长带的生产，以保证焊接过程的稳定性以及焊接的均匀性和一致性，实现线材的连续焊接。

2.4.3 Bi-2212/Ag 高温超导导线的主要问题

Bi-2212 超导体是一种组元众多的氧化物陶瓷体系，其成相关系复杂。在 Bi-2212 超导体中，总是不可避免地会混入一些 Bi-2201 和 Bi-2223 杂相，再加上孔洞、裂纹等弱连接的影响，会降低 Bi-2212 在低温下的超导载流性能。而杂相、孔洞等的产生，和诸多因素有关，如前驱粉的制备、热处理温度、热处理气氛等等。这些影响 Bi-2212 成相的各个因素往往不独立，相互之间有关联，导致很难找到有效减少杂相、孔洞等的方法。

另外，由于前驱粉中一般含有碳酸盐，往往使前驱粉中残余碳的含量过高。而前驱粉中的残余碳含量对最终材料的性能也有巨大影响。如果残余碳的含量过高，不仅在带材熔化处理阶段由于碳的汽化易造成带材表面出现鼓泡，而且残余的碳通常分布于最终带材的晶界上，阻碍电流通道并降低 2212 晶粒的连接质量，使带材载流能力降低。

Bi-2212 超导带材需要使用银包套，虽然生产过程也包括前驱粉的成本，加工和热处理成本以及人工成本，因此 Bi-2212 带材的成本主要来源于银的成本，其总成本与 Bi-2223 超导带材的成本相当。为实现大规模应用，需要通过一些途径（如强化过程控制技术，完善关键工艺参数的在线监控等）进一步降低成本。

2.4.4 ReBCO 高温超导导线的主要问题

二代导线的生产速率受到导线制备各环节的速率的制约，如基带制备速率、缓冲层制备速率、超导层制备速率等。以日本的 Fujikura 公司为例，2009 年之前，他们主要是通过 IBAD-GZO 来引入双轴织构，GZO 双轴织构层的制备速率最低，只有 5m/h，制约着二代导线整体的制备速率，在这种情形下，即使连续不断的工作，二代导线每月的产量也只有 3.6km，这远不能满足实际应用的需求量。鉴于原工艺较低的生产速率，目前，Fujikura 已经开始尝试 IBAD-MgO 过渡层，因此限制该公司二代导线生产速率的环节已经不再是 IBAD 过渡层，而变成了超导层，50~80m/h。PLD 工艺制备超导层的生产速率相比之前有大幅提高是由于他们在 PLD 系统中引入大功率激光源和新的热墙（Hot-Wall）加热系统[37]，使得超导层可以沉积得更快、更厚、更好，长带性能由原来临界电流的 350A/cm 提高到了 609A/cm。80m/h 的生产速率对应年产量是 691.2km（不间断生产的前提下）。为了满足以后的大规模应用的需求和降低设备的折旧成本，生产速率还需进一步提高，继续改进 PLD 方法或者引入其他的高生产速率的超导层制备方法，如 MOCVD、MOD 等。例如 AMSC 使用 MOD 工艺制备超导层，目前每年二代导线的实际产量可达 700km。继续提高超导层、过渡层的生产速率（包括改进设备或发展新型设备），优化导线结构，发展新型的可快速制备的过渡层等是目前各研发单位提高二代导线生产速率的主要途径[38]。

二代导线性能的提高是它能得到广泛应用的前提，同时也是提高其性价比的一个重要途径。现阶段，关于二代导线性能提高的研究主要集中在两个方面：①通过增加超导层的膜厚来提高超导传输能力；②通过掺杂引入有效的磁通钉扎中心，提高其临界电流密度。在保持临界电流密度不变的前提，增加超导层的厚度无疑可以增加临界电流，但实际情况是随着超导层增加到一定的厚度，临界电流不再增加，出现饱和，即是当膜的厚度增加到一定程度时，膜的质量变差，这时继续增加膜的厚度已经不能提高膜的性能[39]。

目前，各研发机构提高二代导线性能的一个出发点是在不降低超导层薄膜质量的前提下，尽量增加它的厚度。Fujikura 公司使用 PLD 工艺制备超导层 Gd-BCO 时发现随着膜厚度的增加，膜表面的温度会下降，这是膜的质量下降的一个重要因素，当他们引入新的加热系统（Hot-Wall 加热系统）之后，沉积薄膜时其表面温度能得到保证，膜厚度已经能达到 $5 \sim 6\mu m$，米级短线的最大临界电流达到 1000A/cm 以上。SuperPower 公司使用 MOCVD 工艺制备 YBCO 超导层时，其临界电流随膜的厚度的变化情况，膜厚度达到 $2\mu m$ 时，其临界电流出现饱和，原因是膜表层的织构变差、内部出现杂相、空洞等，如果改善 MOCVD 的工艺水平，抑制这些不利现象的出现，超导层的厚度有望继续增加，达到 1000A/cm 的目标。

YBCO 是非理想的第二类超导体，可以通过掺杂，为 YBCO 薄膜引入高密度的、分布合理的、尺寸合适的晶格缺陷或者杂质作为有效的磁通钉扎中心，从而提高 YBCO 的电流传输特性，这是目前用于提高二代导线性能的一项重要技术。当人为地往 YBCO 薄膜中引入钉扎中心时，$BaZrO_3$（BZO）是一个典型的代表，使用的比较广泛。2004 年，MACMANUS-DRISCOLL 等人首先利用掺有 BZO 的 YBCO 靶材，通过 PLD 方法制备了含有 BZO 的 YBCO 薄膜，使得 YBCO 在磁场中（$1 \sim 5T$）的临界电流密度提高了 50% 以上[40]。之后，SuperPower 公司的研究员使用 MOCVD 工艺制备 YBCO 超导薄膜时，在前驱溶液中加入 Zr-四甲基-庚二酮酸（Zr-tetra Methyl Heptanedionate），发现制备成的 YBCO 薄膜中也会有自发形成的 BZO 纳米柱（Nanocolumn），BZO 作为磁通钉扎中心，使得它在磁场中（77K，1T）的性能提高了 100%，目前这项技术已经用到了 SuperPower

长带的生产之中，Zr 的掺杂使得长带的临界电流从 250A/cm 提高到了 300A/cm。

据预测，二代导线只有当它的价格低于 100 美元/kA·m 时，才能进入小规模的商业市场；低于 50 美元/kA·m 时才能进入中等规模的商业市场；要进入大规模的商业市场，它的价格必须低于 25 美元/kA·m，这大约是传统材料铜的价格。目前，二代导线的价格大约是 175 美元/kA·m 这个水平（SuperPower 公司）。这个价格还远不能满足大规模应用的要求。目前设备、人力成本在导线的总成本中占有大部分比例，降低这部分的成本是降低导线总成本的关键。设备、人力成本除了会随着导线性能的提高而下降之外，还受生产速率的制约，提高生产速率也是降低设备、人力成本的关键。此外，导线的成品率也是影响导线成本的一个重要因素，例如，SuperPower 在 2009 年时 300A/cm 导线的成品率只有 8%，2010 年提高到了 22%，这也是目前二代导线价格居高的重要原因。

2.5 结论与展望

2.5.1 低温超导材料产业化及应用情况

由于超导材料能承载很大电流而不产生损耗，其在磁体方面的应用前景一直为人所关注。高场磁体的应用范围包括：核磁共振（NMR）、超导磁储能（SMES）、磁悬浮以及聚变反应等离子体磁约束等；低场超导磁体的应用也极为广泛，其中最被看好的前景是在医学磁共振成像（MRI）设备上的使用。然而，自然界大部分超导体都存在着临界电流低，在微小磁场下即失超的现象。直到拥有很高上临界场的第二类超导材料被发现，10T 以上高场磁体的研发才看到了曙光。此外，磁体制备需要将超导导线绕成线圈，这对超导线材料的机械性能提出了很高要求。目前低温超导磁体以 NbTi 和 Nb_3Sn 材料为主流，两者都实现了商用化。MgB_2 超导线在制作 20～25K 温度下工作的 1～2T 低场磁体方面具有很大优势，尤其适于应用在磁共振成像（MRI）和心脏磁场测量仪等医疗设备中。

将超导材料投入大规模实际应用时，必须将多股超导线材或带材制作成能承载强电流的电缆。同时为防止超导磁体在脉冲下产生大的感生电压，减少交流损耗，电缆制作时需将多股导线扭结后编织起来，并进行一些后期的机械强化处理。保证导线的载流能力不因电缆制作中的形变而退化，是电缆制作中的关键。目前，对 MgB_2 电缆的制备探索还处在研究阶段。

面对地球上日益严峻的能源危机，开发太阳能，风能等清洁能源一直是人们孜孜不倦追求的目标。由于可再生能源的生产因气候等原因存在不稳定性，且发电厂往往处于地广人稀的荒漠，真正将其投入大规模民用必须克服能量存储和远距离传输两大基本问题。MgB_2 和高温超导材料能工作在液氢温度下，将它们与广泛存在的清洁能源合起来进行多种能量的综合存储和传输，可以说是副作用最小、最优化的方案。Grant 等人很早就提出了基于 MgB_2 超导体和液氢的"超能量电缆"构想，Hirabayash 等人也设计了基于 MgB_2 磁体和液氢燃料电池的超导磁储能（SMES）设备。以上概念性设计代表了科研工作者对新材料新能源寄予的美好期待。但目前氢能源的开发还处在很不成熟的阶段，真正实现超导材料的大规模应用也还有很长一段探索之路。

故障电流限制器可防止电路系统中突然出现的电流过载现象，有效保护设备不因短路等故障造成不可逆损害。利用超导体在大电流和热涨落下阻抗突变的特点可设计生产电阻型或电感型限流器。MgB_2 超导转变宽度很窄，非常适于电阻型限流器的开发。相较于高温陶瓷超导体，MgB_2 的正常态热传导更为迅速，还可通过优化包套材料减小热不均匀性。另外，MgB_2 多芯线材低的交流损耗特性也有利于限流器的开发。但总的来说，基于 MgB_2 的超导限流器还处在实验室研发的初级阶段，并面临着来自基于 YBCO 等第二代高温超导材料的激烈竞争。

2.5.2　高温超导材料产业化及应用情况

高温超导材料的临界温度较高，可以工作在液氮温区，因而制冷运行成本低，是应用于电力工业的最理想的超导材料。如今，具有实用意义的高温超导材料主要有第一代高温超导材料和第二代高温超导材料。第一代高温超导材料包括前面提到的 Bi-2223 和 Bi-2212 等 Bi 系高温超导材料，其中又以 Bi-2223 的研究最为广泛和成熟；第二代高温超导材料主要是基于钇系薄膜（YBCO）的超导材料。第一代 Bi 系高温超导材料的成相机制和制备工艺比第二代高温超导材料简单，然而第二代高温超导材料在总体性能上要优于第一代高温超导材料。例如第一代 Bi 系高温超导材料在液氮温区的不可逆场强较低、交流损耗大、制备工艺离不开昂贵的银使其成本居高不下、机械性能差等各种缺点；而第二代高温超导材料不但具有优越的电流传输特性（临界电流密度大于 $10^6 A/cm^2$）、良好的高磁场中电流传输性能，而且它还具有第一代高温超导材料所没有的良好的机械性能，因此第二代高温超导材料今后将成为超导电力应用发展的最佳选择。

20 世纪 90 年代末，第一代 Bi 系高温超导导线（主要是 Bi-2223）的制备技术取得重大突破，使其迅速形成商业化生产，极大地推动了超导应用技术的发展。至今，世界上许多国家已有利用第一代高温超导导线研发的高温超导电缆、故障限流器、超导磁体、超导磁储能装置、超导电机和超导变压器等投入使用或正在研制试运行。第二代高温超导导线的制备技术的发展成熟相对晚于第一代，但随着第二代高温超导导线制备技术的发展，随着导线性能的不断提高，世界各国已经逐渐把研究的重点从第一代高温超导导线转移到了第二代高温超导导线上来。总的来讲，目前二代导线的价格还远高于一代导线。第二代高温超导导线从长远来看、由于其原材料便宜，有可能在价格上与铜有竞争能力，将使得超导在电力方面最终获得大规模应用。

高温超导导线最直接的应用就是高温超导电缆。目前远程大容量电力输送一般采用架空铝裸线，大城市的输电一般采用地下电缆，导体为铜线或铝线。使用这些传统的电线或电缆，电能在输送过程中要损失 5% ~ 10%。而对于超导电缆，由于超导材料的直流无电阻特性，超导电缆的使用将会大幅地减少输电路的损耗，进而降低电网的损耗，这不仅可以提高电网的效率，而且可降低燃煤发电量，从而减少污染和 CO_2 的排放；而且超导电缆还具有大容量、载流密度高、交流损耗低、结构紧凑等特点，可用来远距离大容量输电、为大负荷特殊场合供电、用于变电站电流传输母线、替换海底电缆等。使用超导电缆能够节约大量金属材料和安装成本。因此自 20 世纪 90 年代末以来，世界各主要国家都在加紧对超导电缆的开发研制，有的已经并网运行至今。

由于超导材料的电流传输性能远高于铜材料，所以需达到相同效果时，超导变压器相比于传统型的充油式变压器，可以做的更小、更轻，而且可以大幅减小损耗。随着性能更优越的第二代高温超导导线的应用，变压器的尺寸可以进一步减小，而且第二代高温超导导线代替第一代导线后，可以使得原先存在的交流损耗大幅减小，从而使其冷却系统可以做的更小，运行成本更低。

目前，相比于第一代高温超导导线，第二代高温超导导线是应用于电力工业的更理想的选择，但价格居高是限制第二代高温超导导线大规模应用的重要因素，它的成本目前约为 500 美元/kA·m，但这一数值在世界各国的努力研发下正在迅速降低。特别是第二代高温超导导线可以通过有效增加超导层厚度实现大电流性能（约 1000A/cm），从而可以大幅度降低导线成本，提高性价比，而这一工作近年来在日本和美国都取得了突破性进展。据预测，在未来 5 ~ 10 年之内，第二代高温超导导线的价格将会下降到接近甚至低于铜的价格，那时，第二代高温超导导线的大规模应用将变为可能，而且在这 5 ~ 10 年内，高温超导电力器件的开发技术也会越来越成熟，最终能够满足电网的要求并替代传统器件，超导器件的市场占有比例于 15 年之后将会增加到 50% 左右。

即使在目前第二代高温超导导线价位仍然较高的情况下，全世界的年需求量仍可达约 1000km，主要用于高温超导电缆、变压器等应用产品的示范项目，市场总值约为 4000 万美元/年。而目前第二代高温超导导线的制备产业在全球各发达国家还普遍处于中试规模，只有美国的两家公司（SuperPower 和 AMSC）可以实现供货，但总产量尚无法满足需求。总的来说，第二代高温超导导线具有广阔的市场前景。随着其制备工艺的不断完善和应用技术的不断成熟，以它为基础的高温超导技术在未来十年将进入快速的实质化扩张阶段。

2.5.3　发展前景

进入 21 世纪以来，各种传统能源渐趋匮乏，有的甚至在未来几十年内就将告罄。因此，发展新能源技术是各国一项至关重要的战略举措。从某种意义上说，谁掌握了新能源技术，谁就掌握了可持续发展的主动权。电力系统作为一个国家日常生产、生活的命脉，能否提供强有力的能源技术支持，关系到我国经济能否飞速发展。当下，传统电力技术的弊端已逐步显现，电力技术革新迫在眉睫。高温超导技术由于其低损耗、传输电流密度高，在不远的未来将以低成本等优异性能为世界范围内的电力技术革新带来曙光。

自高温超导被发现以来，我国在高温超导材料方面的研究一直处于世界领先地位，在 21 世纪初伴随着国内第一根 Bi 系导线的成功问世，我国已跻身世界高温超导导线技术的前列，这一来之不易的成绩是我国重视高温超导这一具有战略意义技术的硕果，我们必须将之发扬光大。国家可持续发展的关键技术是新能源技术，而新能源技术的核心是新能源材料技术。因此，促进我国高温超导材料及其产业的飞速发展，将为我国新能源产业提供强有力的材料基础和技术支持。

低温超导材料由于其制冷的难度很大，在电网应用上没有现实意义。二硼化镁在电网中的应用还要取决于液态氢应用的可行性，近期还没有大规模应用的可能。所以当前要考虑的只能是高温超导材料。目前可工业化生产的高温超导材料有铋系高温超导导线（又称一代高温超导导线）和钇系高温超导导线（又称二代高温超导导线）。这两种导线的性能基本相近，最终哪种材料占据主要市场取决于其价格。铋系高温超导导线是目前真正能够实现大规模供应的高温超导导线，目前世界上超导电网项目大都还是用铋系高温超导导线。但由于该导线要用银作为原料，成本高，不可能指望其大规模替代铜导线。钇系高温超导导线的原材料成本低，长远来讲可指望其大规模替代铜导线。但钇系高温超导导线的制备技术复杂，一次设备投资大。要实现用钇系高温超导导线代替铋系导线还要有较长一段时间。从长远来讲，钇系高温超导导线将会占主要市场。因此，我国有必要及时开展钇系导线的研发，使之达到世界先进水平。

参 考 文 献

［1］Nagamatsu J, Nakagawa N, Muranaka T, et al. Superconductivity at 39K in magnesium diboride ［J］. Nature, 2001, 410 (6824)：63.

［2］Bednorz J G, Miiller K A. Possible high Tc superconductivity in the Ba-L a-C u-O System ［J］. Zeitschrift fur physik B-Condensed Matter, 1986, 64：189.

［3］Wu M K, Ashburn J R, Torng C J, et al. Superconductivity at 93K in a new mixed-phase Y-Ba-Cu-O compound system at ambient pressure ［J］. Physical Review Letters, 1987, 58

(9)：908.

[4] Maeda H, Tanaka Y, Fukutomi M, et al. A New High-Tc Oxide Superconductor without a Rare Earth Element [J]. Japanese Journal of Applied Physics, 1988, 27 (2)：L209.

[5] Tarascon J M, Mckinnon W R, Barboux P, et al. Preparation, structure, and properties of the superconducting compound series BiSrCaCuO [J]. Physical Review B Condensed Matter, 1988, 38 (13)：8885-8892.

[6] Malozemoff A P, Verebelyi D T, Fleshler S, et al. HTS Wire：status and prospects [J]. Physica C Superconductivity, 2003, 386 (8)：424-430.

[7] Gupta A, Jagannathan R, Cooper E I, et al. Superconducting oxide films with high transition temperature prepared from metal trifluoroacetate precursors [J]. Applied Physics Letters, 1988, 52 (24)：2077-2079.

[8] Yan M F, Rhodes W W, Gallagher P K. Dopant effects on the superconductivity of $YBa_2Cu_3O_7$, ceramics [J]. Journal of Applied Physics, 1988, 63 (3)：821-828.

[9] Larbalestier D, Gurevich A, Feldmann D M, et al. High-Tc superconducting materials for electric power applications [J]. Nature, 2001, 414 (6861)：368-377.

[10] Heinig N F, Redwing R D, Nordman J E, et al. Strong to weak coupling transition in low misorientation angle thin film $YBa_2Cu_3O_7$-x, bicrystals [J]. Physical Review B Condensed Matter, 1999, 60 (2)：1409-1417.

[11] Tomsic M, Rindfleisch M, Yue J, et al. Development of magnesium diboride (MgB_2) wires and magnets using in situ strand fabrication method [J]. Physica C Superconductivity, 2007, 456 (1-2)：203-208.

[12] Tanaka K, Kitaguchi H, Kumakura H, et al. Fabrication and transport properties of MgB_2, mono-core wire and solenoid coil [J]. IEEE Transactions on Applied Superconductivity, 2005, 15 (2)：3180-3183.

[13] 周廉, 甘子钊. 中国高温超导材料及应用发展战略研究 [M]. 北京：化学工业出版社, 2008.

[14] 李成山, 江林, 郑会玲, 等. Bi-2212/Ag 多芯线（带）材的制备 [J]. 稀有金属材料与工程, 2008 (S4)：137-141.

[15] Selvamanickam V, Chen Y, Kesgin I, et al. Progress in Performance Improvement and New Research Areas for Cost Reduction of 2G HTS Wires [J]. IEEE Transactions on Applied Superconductivity, 2011, 21 (3)：3049-3054.

[16] Rupich M W, Li X, Sathyamurthy S, et al. Second Generation Wire Development at AMSC [J]. IEEE Transactions on Applied Superconductivity, 2013, 23 (3)：6601205.

[17] Iijima Y, Tanabe N, et al. In-plane aligned $YBa_2Cu_3O_7$-x thin films deposited on polycrystalline metallic substrates [J]. Applied Physics Letters, 2001, 60 (6)：769-771.

[18] Iijima Y, Kakimoto K, Takeda K. Long length ion-beam-assisted deposition template films for Y-123 coated conductors [J]. Physica C Superconductivity, 2001, 357 (s 357-360)：952-958.

[19] Iijima Y, Kakimoto K, Takeda K. Ion beam assisted growth of fluorite type oxide template films for biaxially textured HTSC coated conductors [J]. IEEE Transactions on Applied Supercon-

ductivity, 2001, 11 (1): 3457-3460.

[20] Iijima Y, Kakimoto K, Sutoh Y, et al. Development of 100- m long Y- 123 coated conductors processed by IBAD/PLD method [J]. Physica C Superconductivity, 2004, s 412- 414 (412): 801-806.

[21] Kakimoto K, Igarashi M, Hanyu S, et al. Long RE123 coated conductors with high critical current over 500 A/cm by IBAD/PLD technique [J]. Physica C Superconductivity, 2011, 471 (21-22): 929-931.

[22] Izumi T, Yoshizumi M, Miura M, et al. Research and development of reel- to- reel TFA- MOD process for coated conductors [J]. Physica C Superconductivity, 2008, 468 (15- 20): 1527-1530.

[23] Pahlke P, Hering M, Sieger M, et al. Thick High YBCO Films on ABAD- YSZ Templates [J]. IEEE Transactions on Applied Superconductivity, 2015, 25 (3): 1-4.

[24] Lao M, Bernardi J, Bauer M, et al. Critical current anisotropy of GdBCO tapes grown on ISD- MgO buffered substrate [J]. Superconductor Science & Technology, 2015, 28 (12): 124002.

[25] Choi S, Lee J, Lee J, et al. The Effect of Growth Temperature on GdBCO Coated Conductors Fabricated by the RCE- DR Process [J]. IEEE Transactions on Applied Superconductivity, 2015, 25 (3): 1-5.

[26] Jin J X, Xin Y, Wang Q L, et al. Enabling High- Temperature Superconducting Technologies Toward Practical Applications [J]. IEEE Transactions on Applied Superconductivity, 2014, 24 (5): 1-12.

[27] Glowacki B A, Majoros M, Vickers M, et al. Superconductivity of powder- in- tube MgB_2 wires [J]. Superconductor Science & Technology, 2001, volume 14 (14): 193.

[28] Grasso G, Malagoli A, Ferdeghini C, et al. Large transport critical currents in unsintered MgB_2 superconducting tapes [J]. Applied Physics Letters, 2001, 79 (2): 230-232.

[29] Han Z, Skovhansen P, Freltoft T. TOPICAL REVIEW: The mechanical deformation of super- conducting BiSrCaCuO/Ag composites [J]. Superconductor Science & Technology, 1998, 10 (6): 371.

[30] Larbalestier D, Blaugher R D, Schwall R E, et al. Power Applications of Superconductivity in Japan and Germany [J]. WTEC Hyper- Librarian, 1997.

[31] Rango P D, Lees M, Lejay P, et al. Texturing of magnetic materials at high temperature by so- lidification in a magnetic field [J]. Nature, 1991, 349 (6312): 770-772.

[32] Norton D P, Goyal A, et al. Epitaxial $YBa_2Cu_3O_7$ on biaxially textured nickel (001): An ap- proach to superconducting tapes with high critical current density [J]. Science, 1996, 274 (5288): 755-757.

[33] Yagasaki M, Hashimoto S. Present status and future prospect of coated conductor development and its application in Japan [J]. Superconductor Science & Technology, 2008, 21 (3): 034002.

[34] Obradors X, Puig T, Ricart S, et al. Growth, nanostructure and vortex pinning in superconduct-

ing $YBa_2Cu_3O_7$ thin films based on trifluoroacetate solutions [J]. Superconductor Science & Technology, 2012, 25 (12): 123001.

[35] Stan L, Holesinger T G, Maiorov B, et al. Structural and superconducting properties of (Y, Gd) $Ba_2Cu_3O_7$-δ grown by MOCVD on samarium zirconate buffered IBAD-MgO [J]. Superconductor Science & Technology, 2008, 21 (10).

[36] 刘永长, 马宗青. MgB_2 超导体的成像和掺杂机理 [M]. 北京: 科学出版社, 2009.

[37] Kakimoto K, Igarashi M, Hanada Y, et al. High-speed deposition of high-quality RE123 films by a PLD system with hot-wall heating [J]. Superconductor Science & Technology, 2010, 23 (23): 24.

[38] Obradors X, Puig T. Coated conductors for power applications: materials challenges [J]. Superconductor Science & Technology, 2014, 27 (4): 044003.

[39] Zhang H, Yang J, Wang S, et al. Film thickness dependence of microstructure and superconductive properties of PLD prepared YBCO layers [J]. Physica C Superconductivity, 2014, 499 (4): 54-56.

[40] Macmanus-Driscoll J L, Foltyn S R, Jia Q X, et al. Strongly enhanced current densities in superconducting coated conductors of $YBa_2Cu_3O_7$-x + $BaZrO_3$ [J]. Nature Material, 2004, 3 (7): 439-443.

第 3 章

高温超导磁体技术

3.1 背景概述

3.1.1 高温超导磁体技术介绍

相比于常规导线，如铜线绕制的磁体或永磁体，超导磁体的优势是非常明显的。首先，永磁体和带铁心的常规磁体产生的磁场强度不超过 2T，而超导磁体可以轻松产生 10T 以上的磁场。第二，超导导线，如 Bi-2223 带材的临界电流密度为 $100A/mm^2$，比铜导线大了约 2 个数量级。这使得超导磁体可以比常规磁体体积小很多。第三，由于超导磁体在工作时几乎不发热，而常规磁体在工作时发热量巨大，因此超导磁体比常规磁体要节能。同时尽管超导磁体需要制冷系统，但是常规磁体的散热系统往往比超导磁体的冷却系统更大更耗能，更不经济。超导磁体的劣势也是明显的：超导磁体的工作需要低温环境，同时超导导线本身的成本也比常规导线高很多。但相比于常规磁体，在很大的应用范围内，超导磁体有着常规磁体不可比拟的优势。

自从超导电性被发现[1]以来，人们就一直梦想将超导材料用于制造磁体，因为这样可以制造出无焦耳热损耗的磁体，从而磁体的体积和产生的磁场就没有上限。然而，这一梦想很快就被无情的事实所打破了：人们发现早期的金属单质超导体，也就是第一类超导体，例如铅在外加磁场下几乎无法导通电流，而这对于磁体应用来说是致命的。20 世纪五六十年代发现的 NbTi 和 Nb_3Sn 打破了这一局面。它们在很强的外加磁场下仍然能导通很高的电流密度，从而使得制造无焦耳热损耗的高场磁体成为可能。

经过半个世纪的发展，现在的低温超导磁体技术已经发展成熟，低温超导磁体也在各科研和工程领域得到广泛的应用。随着高温超导材料的发现和在应用方面的进展，超导磁体的应用领域和范围进一步扩大。特别是随着高温超导导线技术逐步实现产业化[2]，无论是以粉末套管法为技术核心的第一代高温超导导线[3]，还是以多层覆膜技术为核心的第二代高温超导导线[4]，都在导线载流能力提高和成本降低方面取得长足的进步，高温超导导线在磁场下的性能也得到了广泛的研究[5]，这些研发工作为高温超导导线在磁体方面的应用打下了坚实的基础。

由高温超导带线绕制而成的线圈组合成的磁体系统称为高温超导磁体。高温超导磁体有直流无阻、高通流能力、质量小、磁场下性能优异等特点，在许多设备中都得到了应用。在物理学研究中，特别是凝聚态物理研究中，对强磁场的需求从来就没有停止过。由于低温超导体（例如 NbTi，Nb_3Sn）在高场下通流能力会急剧下降，只有高温超导材料能在强磁场下仍有非常大的通流能力，实现无焦耳损耗，降低强磁场磁体的能耗和制冷需求。高温超导磁体能将磁场从低温超导 24T 左右的极限延伸到 30T 以上[6]。在我国，中科院已经通过将 10T 高温超导磁体内插入 15T 低温超导磁体中的方法，获得了 25T 的磁场[7]。

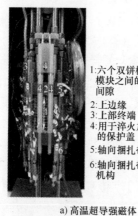

1:六个双饼模块以及
　模块之间的加热器和
　间隙
2:上边缘
3:上部终端
4:用于淬火加热器接线
　的保护盖
5:轴向捆扎带
6:轴向捆扎带张紧
　机构

a) 高温超导强磁体

b) 高温超导饱和铁心限流器

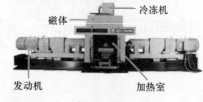

冷冻机
磁体
发动机　　　　　加热室

c) 高温超导感应加热器

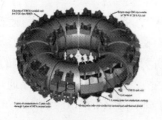

d) 高温超导磁储能

e) 高温超导电机

图 3.1　高温超导磁体的应用举例[7-11]

稳定性是限制高温超导磁体发展的一个关键问题，目前还没有得到一致认可的解决方法。高温超导磁体的稳定性威胁主要是指高温超导磁体在运行过程中突然退出超导态，使得系统运行中断。严重情况下，还可能破坏甚至烧毁系统[12]。使得超导磁体退出超导态的原因有很多，包括机械扰动、热扰动、漏热、核辐射、磁通跳跃、交流损耗等。

由于高温超导材料可承受的扰动能量比低温超导体高约 3 个量级[13]，高温超导材料对除了交流损耗以外的大部分扰动都能免疫。因此下面将对交流损耗现象进行简要介绍，并针对失超问题及其保护技术进行分析。

3.1.2　高温超导磁体交流损耗

如本书第 1 章所述，高温超导材料一般为非理想第二类超导体，普遍存在交流损耗现象。超导体的交流损耗可以按照损耗激励源和机理进行分类，依据引起损耗的激励源，可将交流损耗分为自场损耗和外场损耗。依据引起损耗的机理，可将交流损耗可分为涡流损耗、耦合损耗和磁滞损耗。涡流损耗产生于带材基底的金属材料，是由于变化的磁场在基底材料中产生感应电流带来的损耗；耦合损耗产生于多芯超导体中，是超导体内部的耦合电流穿越金属基底带来的损耗；磁滞损耗产生于超导体内部，是由交变自场或外场带来的损耗。在低频外场下，多芯带的交流损耗以磁滞损耗为主。涡流损耗在高电流、频率高于 100Hz 时才需要考虑；耦合损耗是一种特殊形式的涡流损耗，在电流频率达到 2500Hz 时耦合损耗的量级才会与磁滞损耗可比[14]。

第二类非理性超导体在自场或外场作用下，磁通从外侧开始穿透，穿透区域产生屏蔽电流，使得中心灰色区域处于无磁场、无电流状态。随着磁场的增强，穿透区域逐渐增加，磁通开始移动。在通流过程中，外界磁场能够为磁通的产生和移动提供能量，超导体内部的钉扎会阻碍磁通流动出现电阻效应，此种阻碍效应产生的热量即为超导体通流过程中的交流损耗。也就是说，当超导体通以交流电流或者处于交变磁场时，导体内部磁场变化感应相应的电场，在有电流的情况下带来等效阻性损耗。

交流损耗是高温超导设备的重要设计参数。在液氮 77K 温度下，超导带材如果具有较高的交流损耗会为制冷系统带来严重的工作负担。此外，超导带材产生的交流损耗如果无法及时传导，将有可能导致带材退出超导态、产生局部失超。因此，交流损耗是高温超导磁体设计中必须要考虑的问题，交流损耗的测量与计算直接关系到制冷系统的运行指标，也是磁体稳定、安全运行的重要保障。

3.1.3　高温超导磁体失超保护

高温超导材料，特别是二代 YBCO 涂层导体在某些情况下会触发 Quench 淬灭现象。Quench 现象指当高温超导带材中某一局部（特别是在坏点处[15]）因为机械、电磁、热学等干扰而发生的不可逆失超。然而由于局部失超，电流通过周围常规导体传递[16]，整体电阻上升，磁体其余部分电阻仍然很小，磁体整体阻抗不变，磁体中电流也保持不变。这样就会有大电流通过失超区域，在焦耳热作用下，失超区域温度持续上升，这就是发生了 Quench[17,18]。随着热量向周围传递，周围区域也会退出超导态，再加速发热，这被称为失超传播（Quench Propagation）。失超传播对于超导磁体的稳定性是有利的，否则 Quench 将更加难以监测，直到烧毁线圈。而高温超导失超传播速度比低温超导低两三个数量级[19]，失超非常难以监测。

不同的高温超导磁体在带材结构、绝缘方式、工作温度、制冷形式等方面各不相同，加之失超问题本身的复杂性，变量众多，故未能有一个统一的方法来给出所有情况下的失超参数，为了设计出合适的失超保护系统，有必要对不同的情况进行分别研究。观察 Quench 最常用的方式是测量带材各部分的电压与温度随时间的变化[20,21]、也有利用微波[22]、光学观测[23]、数字散斑干涉[24]、磁光[25]等方法进行观察的。

失超检测是目前学界研究的热点与难点，目标是能研究出一套灵敏的检测方法，能迅速、准确地判断失超发生。对于失超检测，经典的方法是延续低温超导的解决方法，利用磁体中的阻性电压测量。原则上，高温超导线圈中，直流情况下没有电压信号；交流情况下只有感性信号；失超则会产生阻性信号。这样只需要提取出线圈电压信号中与电流相位相同的阻性信号即可。阻性信号出现与增大意味着 Quench 的发生及传播。然而由于高温超导磁体中，特别是交流磁体中，失超引起的阻性信号非常小，往往会淹没于背景噪声之中。若是将判据电压设定太小则可能进行大量的误报，而一旦报警发生 Quench 就需要对磁体放电，误报太多会严重影响设备使用效率与稳定可靠性；一方面，若是将判据电压设定过大，则可能当失超发生后，未能进行及时检测，使得坏点温度持续上升，导致可用于释能的时间减少或者直接烧毁线圈。另一方面，由于高温超导带材的失超传播非常缓慢，进一步加大了失超检测的难度。对于电压测量来讲，测得的磁体两端电压是电压在整个磁体的带材长度上的积分，而这个值可以近似认为正比于温度延带材长度的积分。但是，测量磁体两端电压只能得到总体情况，并不能反映局部失超情况，缺乏空间分辨率。

为此可以利用电桥方法对测量进行改良，减小噪声。在超导磁体的中间位置连接一个电桥探头，通过两个大电阻分别与电源正负极连接。由于很难做到准确地找到中间点使得探头两侧的超导线圈的电感值相同，可通过滑动变阻器调节配平。这样在通常情况下，灵敏电流表中没有电流；而几乎不可能在探头两侧的超导线圈上同时发生失超，所以当失超发生时，电桥两侧失去平衡，灵敏电流表中观测到电流。但是，在大型交流超导磁体中，不能在线圈中央安装一个中央电压探头，因为探头会在高压下被击毁。

总体上讲，低温超导中常用的电压检测失超的方法需要去除电磁噪声，检测缓慢，不能得到局域信息，难以满足高温超导磁体失超检测的需求。

除了传统的利用电桥等方法测量电压以外，研究者们还提出了许多新颖的检测方法。2001 年时，N. Nanato 等学者提出了通过测量有效功率的方法来检测高温超导磁体失超[26]。即利用一个 Rogowski 线圈，未接触的地提取线圈中感性信号 V_{RC}，再将整体电压信号 V_{SC} 减去 V_{RC} 乘以系数 k。通过调节系数 k，可以使得只剩下阻性信号 ri，其中 r 是失超引起的阻性信号，i 为电流。由于在实际工作中，背景信号非常强烈，往往将需要探测的微弱信号掩盖住。为了增大信噪比以提取有效信号，可以将信号 ri 转化为有效功率，再通过低通滤波器处理。这样就能得到一个较为方便测量的失超信号[27]。

2009 年，N. Nanato 等提出了利用声波来检测失超的方法[28,29]，该实验团队用长度为 1340mm、I_c 为 154A 的 BSCCO 带材绕制超导线圈，并在线圈的骨架上安装了一个声学信号发生及探测器。在这个线圈中，有 8mm 的缺陷，只有 16.5A 的 I_c。而声学探头的位置离坏点有 23mm 的距离。由于信号比较微弱，试验中采用了带通滤波器、放大器、低通滤波器进行信号处理。实验中发现该方法能有效地发现失超并保护该线圈。2011 年，Daewon Kim 提出了利用串联热电偶的方式来检测失超[30]。实验中，将大量的热电偶探头安装在磁体中。并将这些热电偶串联起来，测量两端的电压。当 Quench 发生后，磁体局部升温，使得部分热电偶探头探测段温度上升，而冷端温度相对不变，这使得热电偶电压改变，进而导致整个热电偶串联系统的电压改变，通过观测该电压信号可以判断失超。实验组将该方法的结果与经典电桥电压测量的结果进行了对比，发现该方法能发现低级别的失超，然而经典方法在低级别失超时失效。除了这些方法以外，学者们还提出了利用霍尔探头观测导线中的电流重分配来检测失超的方法，利用干涉仪检测，将 YBCO 带材从中间分开成两部分分别观测等方法。但这些方法都有自己的局限性，并不能在所有的情况下经济可靠地检测失超。

利用瑞利背散射来检测失超被认为是潜在的完美失超检测方案[31]。其拥有免疫电磁干扰，高空间、时间分辨率，信号强，占空间小（<50μm）等特点，原理上能够完美地检测失超信号。光纤中的瑞利背散射是由折射率沿光纤长度的随机波动引起的。这些波动将导致一个不可预估的散射，但其散射的振幅和相位是延光纤长度的静态函数。光纤可以被视作拥有随机周期的连续布拉格光栅。局域的温度或者应变的改变将影响反射光谱，因此可以由此来判断局域的温度变化。通过对反射光谱进行傅里叶变化，可以得到瑞利背散射的振幅。通过将散射数据与基准散射信息进行对比，可以实时地得到局域的温度、应变变化[32,33]。但是，由于在此过程中需要进行大量的包括傅里叶变换在内的计算，越高的空间分辨率就意味着越大的计算量。过于精细的测量将使得计算量远超计算机的负荷。WKChan 给出了对于不同线圈的时间、空间分辨率选取建议及相应的数据采集要求[34]。综上所述，对于高温超导的失超检测，还没有一个能覆盖所有情况的经济准确可靠的方法。

当检测到失超信号后，为了防止进一步的破坏，需要对磁体进行放电处理。

然而当失超发生时磁体中往往储存着非常大的能量，所以需要将这些能量迅速、安全地释放出去。通常来讲，一般有以下几种措施：①将能量导入一个释能电阻中；②利用加热器对磁体进行加热，加速失超区域扩大；③开启冷二极管。对于释能电路来讲，放电的速度不能过慢，否则将使得失超区域温度上升过高，导致磁体损毁；也不能过快，否则会在磁体中产生极大的感应电压，可能破坏绝缘，击穿磁体。另一方面，可以使用额外的置于带材表面的加热器来对磁体进行加热，使得磁体迅速失超，整体阻抗上升，减小电路中的电流，降低失超区发热功率。冷二极管是磁体保护中最常用的电路元件，其缺点是非常不灵敏。

此外，E Ravaioli 等提出了利用耦合损耗感应失超（CLIQ）与传统加热器混合的方法来进行磁体保护[35]。CLIQ 可以在带材中感应出高频电流，从而迅速地产生大量耦合损耗，进而使得带材迅速升温退出超导态。通过混合保护系统，可以使得磁体中的电流以非常快的速度衰减，热点温度更低，使得磁体温度更加均匀。

高温超导的失超检测研究尚没有突破性进展，进而失超释能也无法进行，无法完美地保护磁体系统。现在，研究者们开始考虑主动地设计磁体系统而不是等待失超发生再进行检测释能，通过导热系统将失超区发出的热量吸收带走，减缓或者阻止升温，使得有足够的时间来进行释能处理，保证热点温度不会过高。在这个过程中，关键是设计选取合适的高温超导带材与制冷系统。其中对高温带材的选取主要指选取合适的稳定层厚度。稳定层的作用在于当失超发生时，超导层退出超导态，电流仍能通过稳定层传播。而没有稳定层的 YBCO 带材是没有意义的。

Takuya Minagawa 等研究由不同稳定层厚度 d_{Cu} 的 YBCO 带材绕制的高温超导磁体在局部发生 Quench 后的坏点温度上升情况[36]。研究中，假设磁体工作在 37K，当失超检测系统发现 V_{qs} 信号后，在 0.2s 后就进行放电程序，假设放电所需时间为 τ。对于系统对应的失超检测，释能系统，需要选择适合稳定层厚度的高温超导带材。文中还对比了坏点引发的失超与线圈长直部分制冷失效引发失超的区别，指出：①需要更厚的稳定层才能把 T_{HS} 控制在一定范围；②如果考虑不可逆坏点存在的线圈是不能再使用的话，就只需要考虑长直部分制冷失效引发的失超问题；③导线并联能极大地减小所需的稳定层厚度。

Osami Tsukamoto 等进一步延伸了 Takuya Minagawa 的工作，提出了两种对于线圈安全稳定性判据的定义。其稳定性判据是指线圈中即使出现坏点也不会引发不可逆失超传播；对于失超保护的安全性判据是指在磁体长直部分失超的情况下通过失超保护程序仍能保证线圈不被烧毁[37]。通过仿真计算发现，对于缺陷引起的失超，当缺陷区域长度小于判据 L_{MAD} 时，不需要启动磁体放电系统也能稳定运行；当缺陷区域长度大于判据 L_{MAD} 时，即使启动磁体放电系统，线圈也将会被损坏。如果是由于长直部分制冷失效引起的失超，则要求阻性区域大于一定值 L_{MALRZ}，否则将导致线圈烧毁。

3.2　超导磁体设计方法

3.2.1　常用超导磁体设计方法介绍

由于超导导线的性质与特点跟常规导线相差很大，因此超导磁体的设计在很大程度上不同于常规磁体的设计，有自己独特的设计准则。本节主要介绍人们常用的超导磁体设计方法。

一个磁体设计方案必须满足基本使用要求：中心磁场强度，磁场空间均匀性，磁场时间稳定性。其中，对于直流工作且对均匀性要求不特别高的磁体，稳定性更多地依赖于电源的好坏和磁屏蔽的程度等，在设计磁体时更多的是考虑使磁体满足中心场强和均匀性的要求。

在实际的超导磁体设计中，还需要考虑的重要因素包括：磁体的机械强度，即磁体在电磁应力和热应力下的稳定程度；工作的稳定度，即在工作时保证处于超导态的能力；保护措施，即在磁体部分或整体失去超导态时保证磁体和其他设备安全的措施；导线和制冷方式的选择，即选择合适的超导导线和磁体制冷方式以使得成本最小化。此外，由于超导磁体的原料成本一般比较高昂，因此在满足各条件的前提下尽量减少导线的用量也是超导磁体设计的内容[38]。

中心磁场强度是磁体形状设计最重要的准则，所有磁体设计最重要的指标就是磁体所能达到的最大中心磁场强度。铜导线绕制的磁体在加大磁场时焦耳热损耗二次方增加，因此常规磁体设计中中心场强的主要限制因素是散热和功耗问题。

对于超导磁体而言，不存在焦耳热损耗，但是却存在一个临界磁场和临界电流的限制，这个限制对于各向同性和各向异性的导体而言是不一样的。因此，对于超导磁体设计，其中心场强主要受到临界电流的限制，在设计时需特别考虑这个因素。

当然，单纯满足中心场强的设计要求并不困难；事实上只要磁体被设计的足够厚，一般都可以满足中心场强的要求。

磁场均匀性是磁体设计的另一个重要指标。因为绝大多数磁体应用时都需要在一定的空间范围内提供一个方向、大小相对均匀的磁场，或者是提供一个磁场梯度，否则磁体是无法使用的。因此磁体在设计时不能单单满足磁场强度的要求，同时也要满足磁场均匀度的要求。

提高磁场均匀度一般都是通过改进磁体几何形状来实现的。一般来说，提高磁场均匀性的方法有很多种，其中最简单的一种方法就是增加磁体的长度，因为理想的无限长的磁体内部的磁场是完全均匀的。

因此，单纯需要满足磁场的均匀性要求也并不困难，只要磁体被设计的足够长，总是可以满足均匀性要求的。

虽然只要磁体被设计的足够厚足够长，一般总是可以满足磁场和均匀性要求，然而在实际设计一个磁体时不能单考虑这两项指标；只有综合考虑多种影响因素之后，才能最终确定磁体的设计方案。

一个很重要的考虑因素就是磁体成本问题。一个项目的总成本限制着在绕一个磁体时不可能随心所欲地使用导线，也就意味着设计时在满足磁体设计要求的时候要尽可能地节省导线使用量，从而控制成本。另外，磁体的机械强度、热稳定性、使用空间等都限制磁体的大小。

因而，设计磁体的一个重要命题就是，如何设计一个磁体，才能够在尽可能小的体积和少的导线用量内，满足磁体中心场强和均匀性的要求。

按照一般磁体设计流程，人们首先根据设计要求和经验，得到一个磁体的初步设计方案。接下来，根据这个初步方案对磁体进行解析或者数值计算，并根据超导导线的临界电流情况确定磁体的工作电流，由此得到整个磁体内部的磁场大小和分布。同时进行磁体用线量的计算，即估算磁体的原料成本。根据以上信息，判断这个磁体设计是否满足设计要求；如果不满足，则需在此设计的基础上调整参数，重新设计一个新的几何形状，直到符合要求为止。

得到了一个符合要求的设计方案后，人们还需要将这个方案与其他可行方案进行对比，综合考虑中心场强、磁场均匀性、导线用量、磁体机械强度、热稳定性等因素后，定出一个最优的方案来。从最初的磁体要求开始，直到得到最终方案为止，所有步骤构成了磁体形状设计的整个流程。

从磁体形状确定磁体的临界电流需要用到负载线图。常见的负载线图如图3.2所示。图中曲线为超导导线在温度 T 下的临界曲线，即临界电流随外加磁场的变化曲线（J-B 曲线）。这里需要注意的是，对于各向同性的超导导线，如 Nb-Ti 和 Nb_3Sn 而言，垂直场和平行场对导线临界电流的影响是相同的，因此这条曲线对应的磁场 B 为导线所承受的总磁场，并不区分方向。对于各向异性的超导带材，如 Bi-2223 和 YBCO 而言，垂直场对带材临界电流的影响远远大于平行场的影响，以至于在磁体设计时，往往只需要考虑垂直于带材表面的磁场分量，不需要考虑平行带材表面的分量。

一般来说低温超导（LTS）导线为各向同性的，因此在设计低温超导磁

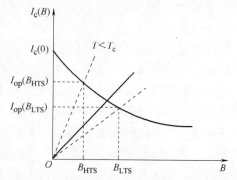

图3.2　负载线图

体时，如果绕制整个磁体所用的导线质量相同，则限制磁体临界电流的位置一定是磁体经受的最大磁场的位置。对于螺线管形磁体来说，这个最大磁场出现的位置并不在磁体的中心处，而是在磁体的中心面与磁体内径的交线上，这样，根据设计磁体的几何形状，计算出单位电流在此最大磁场位置产生的磁场强度。由于磁体磁场强度正比于电流，因此可以做出一条 B-I 直线来。这条直线就叫作负载线。B-I 线与 J-B 曲线的交点决定了磁体的临界电流。这是因为如果大于该值的电流通入磁体的导线上，产生的磁场将大于 J-B 曲线所显示的临界磁场，导线将会失去超导电性。实线是根据磁体中心场强做出的 B-I 直线，可以看出，其与 J-B 曲线的交点高于实际临界点。这样，磁体的临界电流就被确定，其中心场强 B_{LTS} 进而也可计算得到。这张图就叫作负载线图，用负载线图确定某个几何形状的超导磁体的临界电流和最大中心场强的方法就叫作负载线法。

而高温超导（HTS）带材一般都是各向异性的，因此在设计高温超导磁体时，需要考虑磁体最大径向磁场对带材电流的限制，这个最大径向磁场一般出现在磁体的两端。

与最大磁场不同的是，最大径向磁场没有解析解，一般来说都需要通过计算机程序计算出数值解。当计算得到磁体通过单位电流时产生的最大径向磁场，并做出磁体最大径向磁场的负载线后，就可以按照与上述相同的方法得到磁体的临界电流和最大中心场强。

随着计算机技术的迅猛发展，到目前为止，计算机已经可以代替人类做绝大多数的计算工作。磁体设计也不例外，使用计算机程序进行磁体设计的现象已经越来越普遍。使用计算机程序可以大大减少设计磁体所需的时间，同时使用合适的优化算法，也能进行磁体设计的优化。传统的设计往往成为计算机程序计算前的估算或者之后的检验。然而，这并不意味着计算机程序可以代替一些设计行为。这不仅体现在传统的计算可以指导并检验程序计算的结果；同时，一个好的设计方法，可以在很大程度上减轻设计的复杂性，减少设计用时，增加设计的可靠性。这往往是不能依赖计算机程序实现的。

3.2.2　螺线管形超导磁体设计方法

常见磁体设计方法经过长期的检验，是非常实用和可靠的。但是，通过这种设计方法对磁体进行优化时，往往需要重复计算多组参数才能通过对比得到一个优化的结果，这样比较费时费力，而且并不能保证优化结果是最佳的。而通过计算机程序进行优化设计，其优化结果往往与算法选择有关，其数学意义大于物理意义。因此，无论是传统的超导磁体设计方法，还是计算机程序设计，都面临一个相同的问题：无法确知优化结果的好坏。本节所述的超导磁体设计方法就是以解决这个问题为主要目的的，它同时还解决了一系列其他设计方法中所存在的困难和问题。

传统超导磁体优化设计方法的流程本质上是一个循环求解的过程。这个过程如果用计算机程序来实现的话，就是一个优化算法的问题。因此，这两种设计方法其本质是一样的，都是一个逐渐逼近局部极值的数学问题。这个过程不仅费时费力，而且缺乏物理意义。

本方法即是以简化传统的优化设计方法为初衷而发展起来的。其目的具体为：①简化设计流程，避免循环求解过程，实现一步求解；②直观化优化结果，使得人们得到结果的同时即可以确知这个结果的优化程度，并可以直观地与相邻的解比较优劣。

本设计方法的原创性想法在于把磁体设计中的约束条件，即负载线图和最终的等磁场线图结合起来，使得得到的等磁场线图可以直接用于指导设计。以下是针对使用各向异性超导导线绕制的螺线管形磁体的设计流程。

第一步，计算出磁体的最大径向磁场强度。在这一步，考虑到所有在设计中可能感兴趣的几何形状，通过计算机程序计算出外径与内径比 α 从 1 到 8，半长与内径比 β 从 0 到 8 的所有磁体的最大径向磁场强度。当然，这里的计算步长可以根据实际需要选择，在本设计中，我选择了 0.2 作为计算步长，即在 α 和 0 方向上每隔 0.2 计算一个值，共计 1400 个值。

由于磁体产生的磁场与磁体内径成正比，因此在这一步计算中将参数单位化，即设内径为 1m。在实际设计磁体时，其内径往往根据各种先决条件已经给定，因此在使用这里算得的数据时，只需乘以相应内径即可。如在此例中，内径定为 30mm，只需把这一步所得的数据乘以 0.03 即可。同时，这一步中电流密度取为 $1A/mm^2$。这是因为，这一步算得的数据将用于后续流程画负载线图，而画负载线图只需要磁体励磁时 B/I 的比值。

第二步，针对每一个几何形状做最大径向磁场的负载线图，并求得磁体的临界电流。在这一步，当然，没有必要为所有磁体做出真的图，只需要数值拟合求解就足够了。具体做法为：根据所选超导材料在设计温度下的 J-B 曲线进行拟合，得到一条数学曲线。而第一步中算得的磁体在单位电流密度下的最大径向磁场实际上就是相应负载线的斜率。只需求解这两条线的交点即可得到对应每个几何形状的磁体在使用所选带材工作在设计温度下的临界电流。

3.2.3 外凹螺线管形超导磁体设计方法

磁体设计对磁场均匀性要求较高，如果使用一般的螺线管形磁体，需要较长的长度，即较大的体积和较多的用线量。这在实际设计中应当予以避免。因此，本设计最终决定采纳结构简单、磁场均匀性较好的外凹形磁体形状。本节讨论如何使用上一节提出的设计方法针对需要设计的外凹形匀场磁体。螺线管形磁体产生的磁场由于边缘效应，其轴向分量从中间到两端会逐渐降低。一个增加磁场均匀性的方法就是，在磁体的两端多绕一些导线，提高磁体两端的磁场强度。这种形状的磁体被称为外凹形磁体。由于磁体变厚，中心处的磁场强度也有所增加。可以看出，外凹形磁体是增加轴向磁场均匀度简单而有效的手段。

虽然外凹形磁体可以提高磁体两端的磁场强度，但是如果形状设计不合理的话，会出现轴向磁场强度两端补偿过度或者补偿不够的情况。因此，如何优化外凹形状的几何参数，是外凹形磁体设计的重要问题。

其流程与普通螺线管磁体一致。第一步，计算出对应某一螺线管形磁体的凹槽参数。这里直接应用上一小节所述的计算方法即可。值得注意的是，并非对于所有 α 和 β 都有正实数非平凡解。通过解的结果可以看出，只有当磁体足够长的时候，才存在一个凹槽形状可以同时消去磁场展开式中的前两项，在本节的讨论中只考虑这种情况。第二步计算最大径向磁场、第三步求临界电流、第四步求出临界磁场并作图等步骤均与螺线管形磁体的设计流程相同。通过这种方法作出的考虑了磁体径向磁场对临界电流影响的外凹形磁体等磁场线图。

由于第二步计算最大径向磁场相对费时，因此如果能在这里使用上一节中针对螺线管形磁体计算的数据，将会大大节约设计时间。其办法就是通过用等效的螺线管形磁体来代替凹槽形磁体进行计算。计算中心磁场强度时，外凹形磁体两端加厚的部分对中心磁场贡献很小，所以可以用较小的螺线管形磁体等效计算。计算磁体两端最大径向磁场时，凹槽部分对此影响很小，所以可以用较大的螺线管形磁体等效计算。这样，在完成本设计方法第一步计算凹槽参数后，第二步计算最大径向磁场时，可以使用针对螺线管形磁体的数据，并根据这个结果在第三步中求出磁体的临界电流。而在第四步中计算中心磁场强度时，将上一步得到的临界电流代入较小的螺线管形状计算即可。

综合以上所有的考虑因素，可以得到外凹形磁体优化设计的准则。

对于磁场均匀性要求不是特别高，或者匀场区不是特别长的磁体，一般能够适用一条等磁场线 A 点和 C 点间的设计，即最小体积线和分界线所隔出的部分。在这一区域，磁体的体积（用线量）、机械强度、鲁棒性等均无本质上的差别。当然，按照体积最小和机械强度最高的标准，应当选择最小体积点给出的设计方案。按照鲁棒性的要求，则应当选择靠近分界线的设计方案，如 A 点。因此，在实际设计中，可以考虑对这几种因素的平衡而选择中间的某一点，如 B 点。

按照这个设计准则，在设计 1.5T 匀场磁体时，所采用的设计方法如下：首先，考虑到磁体运行时电流不能达到临界值而应留出一定的安全空间，把运行电流设计为临界电流的 60%，从而在 2.5T 的等磁场线上寻找设计点。接下来，考虑到上述各因素间的平衡，最终把该点确定在最小体积线和分界线中间的位置。通过这种方法得到的设计方案与之前采用传统方法得到的结果是一致的。

最后，如果对于磁场均匀性要求非常高，或者匀场区要求较长时，需要使用长外凹形磁体。然而，标准地消去二次和四次误差的外凹形磁体，或者均匀性不佳，或者机械强度非常差。这样，在实际设计长外凹形磁体时，往往可以按照使用区域分为两种情况：一是使用区域只在磁体中心很小范围的球形内，二是使用区域为占磁体总长较大部分的长圆柱形。

对于第一种情况，即使用区域集中在磁体中心附近，设计凹槽参数时应当尽量保证消除磁场展开式中的二次误差，而不必顾及其他高次误差。这样就只需要满足一个消去二次误差的方程，因此可以先定出凹槽的厚度，再通过解这一个方程定出凹槽的长度。通过这种方法，就可以实现机械强度和均匀度的平衡。

对于第二种情况，即使用区域为长圆柱形，可以采取同时消去高次误差的方法来设计凹槽部分的参数，例如通过同时消去四次和六次误差，或者同时消去六次和八次误差。这是因为，当需要考虑更长区域内的磁场均匀性时，高次误差逐渐主导了磁场的不均匀度，消去高次误差能比消去低次误差产生更好的长匀场区。同时，消高次误差时磁体两端加厚部分的形状也介于对应的消前两项误差的一对解之间，拥有较平衡的机械强度和鲁棒性。

3.3 双饼线圈绕制方法

3.3.1 常规超导磁体绕制方法介绍

常规的超导磁体绕制方法一共有两种：一种称为"层状绕法"，另一种称为"双饼线圈"。其中，双饼线圈绕法是在磁体级超导体出现以后，专门针对超导导线发明的一种磁体绕制方法。

层状绕法是最简单常见的磁体绕制方法，绝大多数的铜导线磁体均是采用这种方法绕制而成的。对于一些超导导线，这种绕法也同样适用。层状绕法的最大特点是，在按某一方向绕满一层之后，可以换向继续向外层绕，依次往复。只要导线足够长，一个磁体可以只用一根导线绕制而成，从而避免了导线之间的连接。这对于超导磁体来说非常有利，因为超导导线之间的超导连接是一个比较复杂的技术，要想实现完全超导的大电流无阻连接并不容易。如果整个磁体只用一根导线，则从根本上解决了这一问题。层状绕法要求导线要足够长。目前，合金类超导导线如 Nb_3Sn 和 NbTi 导线均可生产的非常长，足够绕制一个超导磁体。但铜氧化物超导带材如 Bi-2223 和 YBCO 的单根带材长度一般在 1km 左右，是不够绕制大型磁体的。

层状绕法的另外一个限制是导线截面要具有较好的各向同性，例如方形或者圆形截面的导线。这是因为，层状绕法在绕满一层，需要换向绕另一层的时候，会有一个横向的形变，这个形变的方向与绕制弯曲的方向是垂直的，这就要求导线向两个垂直方向都能容忍一定的弯曲形变。因此，层状绕法主要适用于圆形或者方形截面，对于矩形截面的带材较难适用。

双饼线圈绕制磁体的方法适用于截面形状较扁的带材，双饼线圈在绕制时从中间开始，分别向两边绕。因为其每部分都像一个薄而宽的饼，并且一个完整的线圈由这样两个饼构成，因此这种绕制方法被称为双饼线圈。双饼线圈在绕制 Bi-2223 和 YBCO 带材时具有层状绕法所不具备的优势。

第一，双饼线圈所需要的导线长度明显小于用单根导线按照层状绕法绕制整个磁体所需的导线长度。在实际应用中，50m 长的导线即可绕制一个小型的双饼线圈，在大型磁体中，一个双饼线圈所需的导线长度往往也不超过 1km。然而，使用层状绕法绕制一个线圈往往就需要 10km 甚至更长的导线。对于高温超导带材来说，长导线不仅制备成本高，而且难以获得。一般的 Bi-2223 或 YBCO 单根带材长度在 1km 以内。因此，从导线长度的角度来说，双饼线圈较层状绕法有很大的优势。

第二，一个完整的磁体是由多个双饼线圈构成的，每个线圈本身是一个独立的模块。这种模块化的磁体制造方式大大地降低了整个磁体的绕制难度，同时也降低了绕制成本。这种绕制方法从根本上避免了工艺失误对整个磁体绕制的影响，因为每个双饼线圈是独立绕制的，一个失误即使再致命其影响也会被控制在一个线圈之内，而不会对整个磁体有影响。模块化带来的另外一个好处是，由于磁体内磁场分布不均，而带材的电磁性质并不完全一样，使用双饼线圈组装磁体时可以根据局部磁场的分布分配线圈位置，从而优化整个磁体的表现。

但是，双饼线圈在具有这些优势的同时，也不可避免地带来了一个劣势：导线间的连接。因为一个完整的磁体由多个线圈串联而成，所以，超导带材之间的连接必不可少。由于高温超导导线之间尚未有超导连接技术，因此一般带材间的连接都采用锡焊的方式。这样，焦耳热损耗就被带进超导磁体中。焦耳热损耗会带来两方面的问题：一是在磁体中引入了热源，二是会消耗能量，这两方面的问题都导致了最终的磁体无法脱离冷源和电流源而独立运行。

3.3.2　卡带式双饼线圈绕制方法

使用双饼线圈绕制超导磁体时，最大的缺点体现在饼与饼之间的连接上。根据目前的超导连接工艺，Bi-2223 超导带材之间基本还只有锡焊连接这一种方式。对于双饼线圈而言，锡焊连接的困难不仅在于向整个磁体中引入了电阻，还在于焊接工艺本身的困难。这是因为，双饼线圈的导线头在线圈最外圈，对于制冷机接触式制冷的磁体，焊点的固定和冷却都是一个必须解决的问题。

这种新的绕制方法与双饼线圈最大的区别在于，双饼线圈带材的中点在线圈的最内圈，而带材的两端在最外圈；而这种绕制方法让带材的中点在最外圈，而两个端点在最内圈，而最内端将被分别焊接在两个绝缘的铜制线轴上。这种方法基本上解决了需要解决的问题。首先，带材的端点直接焊接在最内侧的线轴上，不存在固定焊点的问题；第二，焊点所发出的焦耳热，其大部分将被铜轴直接导走，流入线圈的只是很小一部分。接下来要解决的问题，是如何绕制这样一种绕法的双饼，以及如何连接铜轴以实现电和热的导通和绝缘。

在确定了线圈的形式之后，一个亟待解决的问题就是使用怎样的绕制方法来实现这种线圈。按照普通的思维模式，从内向外绕线并将端点留在最外是非常顺畅且理所当然的。这也正是为什么双饼线圈有前述的那些缺点，却仍然成为绕制超导磁体所通用的一种方法的原因。这种新的绕制形式所发明的方法同样是将带材从内向外绕。卡带式双饼绕制过程示意图如图 3.3 所示。

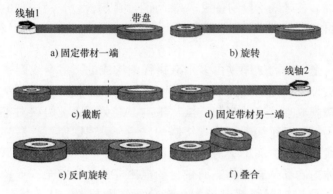

图 3.3　卡带式双饼绕制过程示意图

在绕制这种线圈时，首先从 Bi-2223 带盘上引出带材的一端并将其固定于线轴 1 上。固定时采用锡焊的方式，将带材围绕铜质线轴锡焊一周，以达到固定和导电的目的。然后同时旋转线轴 1 和带盘，将带盘上的导线缠绕到线轴 1 上。第三步，在缠绕了足够长的带材之后，将带材从带盘上截断。缠绕在线轴 1 上的带材长度应当是整个双饼带材的总长度，而不仅仅是最终缠绕在线轴 1 上的带材长度。这个总长度可以通过计算和其他控制方法得到。第四步，将新截断的带材的另一端固定于线轴 2 上，固定方法同样是锡焊。第五步，同时旋转线轴 1 和线轴 2，旋转方向与第二步相反，将带材从线轴 1 上缠绕到线轴 2 上，直到两个线轴上的带材相等为止。第六步，叠合并绷紧两个饼，使之成为一个完成的双饼。这样，一个新型绕法的双饼线圈就被绕出来了。

该绕制方法与磁带的运转方式很像，因此通过这种方法绕制的线圈命名为卡带式双饼线圈。

3.3.3　绕制方法可行性研究

卡带式双饼线圈在具体实现这种绕制方法，并用这种线圈组装成磁体之前，尚有几条可行性问题需要证明。其中最重要的问题是，如何保证线圈连接时的电热传导能力。

卡带式双饼线圈绕制的一个特点是，带材首先从带盘上被绕制到第一个线轴上，然后需要将带材截断，并向第二个线轴上缠绕。这种绕制方法带来了一个不可回避的问题，就是如何控制绕制到第一个线轴上的带材长度。带材在被截断后长度已无法改变，并且端点固定在线圈的最内侧，因此无论所截带材长度偏长或者偏短，无疑都会直接影响整个线圈的外径大小。

在解决这个问题时采用了通过直接控制绕制半径来控制截断位置的办法，具体做法为：在向第一个线轴上绕制带材时，不关心其缠绕的长度或者匝数，而只关心在第一个线轴上缠绕带材所达到的外径。只要在绕制第一个线轴上的带材时控制好这个半径的大小，则无论绕其长度如何，匝数如何，总可以保证当带材平均分配到两个线轴后，其外径在 a_2 附近。

当绕制状态理想，即带材厚度、每层带材之间的间隔都均匀时，无论是控制带材长度，绕制匝数还是总半径都能完全控制线圈最终的外径大小。然而，在实际操作中，带材的厚度往往无法做到绝对的均匀，并且带材间的间隙也难以做到绝对均匀。这样，单纯控制匝数的话，反而不容易控制线圈的外径。而这样直接控制外径的办法实际上控制的是线圈的侧面面积，无论带材的厚度、间隙如何均不影响其控制的准确程度。实际实验结果表明，通过这种方法绕制的线圈，匝数与设计值相差不超过 1 匝。

实现双饼间的低电阻导通，是卡带式双饼线圈所需要解决的最主要问题。饼间两个相应的铜轴之间采用嵌套的连接方式，具体连接时可以采用紧配合、银漆粘接和焊锡焊接等三种方法，其实现难度依次增大，连接电阻依次减小。在超导磁体设计中，首要的设计准则是尽可能减小磁体的总电阻。

具体的测量方法为：将横截面大小为 0.25mm×6mm 的铜带搭接在一起，搭接面积为 36mm^2，两根铜带的两侧分别引出两根导线，用四点法测量其电阻。在实验进行时，不断在搭接面积上增加重量，以测量不同压力下的电阻大小，很明显，铜-铜界面间的接触电阻与外加压力几乎呈线性关系，当外加压力增加的时候，接触电阻下降。使用银漆而外加压力时的接触电阻大小明显小于单纯的接触产生的电阻。按照这个测量值进行推算，如果铜轴之间的连接都使用银漆作为导通介质，其接触面积大约为 1000mm^2，则电阻大小约为 5μΩ。

如果使用焊接工艺连接两个相邻线圈的铜轴，则可以进一步减小这个接触电阻。常见的 60Sn-40Pb 焊锡在 30K 下的电阻率约为 10nΩm，如果焊锡层厚度为 0.1mm[39]，按照接触面积 1000mm^2 计算，则电阻为 1nΩ。如果采用不同的焊锡，如 Sn-Pb-Bi-Cd-In 系的低熔点合金作为焊料，由于这种材料的电阻率比普通焊锡大 5 倍左右，其电阻将小于 5nΩ。

由以上的比较可以看出，使用焊接方法的接触电阻将比其他方法的接触电阻小 3 个数量级，因此双饼之间的连接更适合采用焊接的方式。

磁体内其他产生电阻的地方还包括带材与铜轴之间的焊接，以及铜轴本身的电阻。铜在30K下的电阻率约为$0.5n\Omega m$，按照铜轴截面积$1000mm^2$，厚度$5mm$计算，每个线圈中铜轴（一共两个）的电阻为$5n\Omega$。带材与铜轴之间的焊接电阻可以控制在$10\sim50n\Omega$[40]，这样，一个双饼内这部分的焊接电阻约为$100n\Omega$。

综合以上的计算，每个卡带式双饼线圈在30K工作时的电阻约为$100n\Omega$。此外，这部分电阻将暴露在2T左右的磁场环境下，这将增加电阻大小约$1.5\sim2$倍至$200n\Omega$。一个由20个这样的双饼组成的磁体，其总电阻约为$5\mu\Omega$。

卡带式双饼线圈的一个优点是，其铜轴可以作为主要的导热部件导走磁体内部的大部分热量，而使得热量不会流入线圈内部。由于在直径方向是一层超导带材一层环氧的复合结构，而Bi-2223超导体本身为热的不良导体，因此沿径向的热传导将远远小于沿轴向，即沿铜轴的热传导。本节的分析将建立在理想导热的假设上，即假设超导磁体在工作时产生的所有热量完全被铜轴导走，而不会进入超导线圈内部。

3.3.4 线圈模型绕制工艺

卡带式双饼线圈绕制方法的整个流程可以分解为几个工艺：焊接工艺、绕制与在线浸渍工艺、绝缘工艺以及饼饼间焊接工艺。以下将分别介绍开发各工艺所遇到的具体问题和解决方法。

使用传统的锡焊将Bi-2223带材焊接至铜质线轴上。这里，使用常见的60Sn-40Pb焊锡作焊料进行焊接。焊接前，需要先将焊接的表面分别处理干净。线轴由于经过了机械加工处理，所以表面残存油脂等杂质。在进一步处理线轴之前，必须清洗其表面。清洗时按次序分别用热洗洁精溶液（洗洁精体积分数约60%）、丙酮、酒精浸泡线轴进行超声清洗。清洗完毕后，铜轴继续浸泡在酒精中防止氧化和其他污染。Bi-2223带材由于表面覆盖绝缘膜，所以不需要特殊清洗。

待焊接时，需要对待焊表面挂锡处理，挂锡前，线轴需将侧面打磨除去氧化层，并立即用松香水涂覆。松香水通过将松香直接溶于酒精配置而成，未添加任何腐蚀性助焊剂。Bi-2223带材表面同样需要通过打磨除去绝缘膜，并用松香水涂覆。挂锡时注意控制锡层厚度，薄厚适中且均匀。挂锡完毕后用酒精将残留的松香擦洗干净。焊接时，用烙铁局部加热铜轴，使表面焊锡融化。然后用特殊的工具将Bi-2223带材按压在线轴表面，使两者完全贴合在一起，最后撤走烙铁，待焊锡凝固后放手。这里有两点需要特别注意：第一，由于焊接表面是弧形，较难使带材和线轴完全贴合在一起，所以焊锡必须有一定厚度，不能太薄。如果挂锡的时候两个表面的锡量过少，在这一步可以用烙铁再蘸一点焊锡均匀涂抹于待焊接的部位。第二，在用烙铁局部加热线轴时停留时间不能过短，需要在带材贴在线轴上数秒后才能撤走，以确保带材表面预先挂上的锡也能完全融化；同时，烙铁停留时间也不能过长，否则已经焊接好的部分会松脱。控制烙铁停留时间以能刚好融化待焊接部分的焊锡为最佳，然后迅速将带材贴上压紧，烙铁再停留约 3s 后撤走。

待 Bi-2223 带材与线轴焊好后，将线轴与带盘分别挂在两个电机的轴上。线轴两侧用有机玻璃片作挡板，以便即时观察绕制情况。挡板上用胶带做好标记，以控制绕制厚度。安装好线轴与带盘后，开动电机，开始绕制带材。在绕制的同时，用刷子将配好的树脂均匀的涂在带材表面。树脂使用上海合成树脂研究所生产的 DW-1 高性能低温结构胶。

当预期厚度的带材已经被绕制到线轴上后，将带材从带盘上截断，并将该端与另一个线轴焊接上。然后反转电机，将带材向此线轴绕制，并同时在线涂刷树脂，直至两个线轴上的带材长度即线饼的厚度相等。

叠合线饼时，同时开动两个电机以保持带上的张力，然后将其中一个电机缓慢地向另一个电机移动，分别取下两个线轴上相向侧的挡板，并在线饼上做好绝缘，绝缘后将两个电机继续相向移动，直到两个轴同心时停止。此时，将两个线饼紧紧叠合在一起，并收紧最外圈带材，一个卡带式双饼线圈就绕制成了。将绕制并在线浸渍好的卡带式双饼线圈平放在聚四氟平板上室温固化。

3.4　杜瓦和制冷系统

3.4.1　杜瓦与制冷技术介绍

杜瓦是一类用于储存低温物质的容器的总称，它们通常包括一个或多个储存器用来储存低温物质。杜瓦最常见的用途是储存液态的氮和氦，有时也用于提供一个低温环境。通常采用制冷机干式制冷磁体，杜瓦被用来为磁体提供一个 30K 的低温环境。下面简要分析低温杜瓦所面临的漏热问题和解决方法。

空气的对流传热是杜瓦漏热的一个主要热源，但通过抽真空的方式可以将这部分漏热控制在一个可以接受的范围内。事实上，空气的对流传热由两个因素决定：一是空气分子间的碰撞，二是空气分子与容器壁之间的碰撞。在不同状态下，不同的因素主导着传热的大小。容易理解，当气体分子间距离很短，或两个容器壁的间距足够大时，空气分子在从一个壁反弹回来并向另一个壁运动的时候，途中会与足够多的其他空气分子发生碰撞。这也正是通常情况下空气传热的过程。但是，在真空条件下，分子间距离足够长，其长度可与容器壁间的距离比拟时，大部分的空气分子会在两个壁间来回碰撞，从而直接将高温壁的热量传给低温壁。因此，空气传热由空气分子的平均自由程所决定。

辐射传热是杜瓦漏热的第二个主要热源。辐射传热遵循玻尔兹曼公式。杜瓦漏热的最后一条途径是传导。传导的途径主要包括电流引线和支撑结构。传导漏热遵循傅里叶定律，在温差一定的情况下，要控制传导传热大小，可以通过选用具有合适导热系数的材料，并优化其截面积来实现。在杜瓦中，有的地方需要良好的导热，如制冷机冷头的导热途径，这里就需要使用热导率高的材料，例如铜、Al_2O_3等。有的地方需要尽量减小导热，如杜瓦的支撑结构，这里就需要使用热导率低的材料，如不锈钢、大部分的高分子材料等。

冷却超导磁体有多种方式，如制冷剂直接接触磁体制冷，或由制冷机干式制冷等。使用制冷机干式制冷的方式冷却磁体，即由制冷机的冷头通过导热途径间接冷却磁体，导热途径一般是铜等金属而不是液氮等液态制冷剂。

3.4.2 杜瓦设计方法

杜瓦主要包括：外筒、冷屏、室温腔、制冷机接口等四个部分。外筒主要用来提供真空环境，使用不锈钢制造，真空等级为 10^{-4} Pa。冷屏使用反射率高的材料如铜或铝制造，与制冷机一级冷头相连，主要用来屏蔽来自室温的外筒的辐射。室温腔用于提供磁体内部区域室温操作的空间。制冷机接口用于连接制冷机冷头。

3.4.3 电流引线设计方法

杜瓦的三个漏热热源中，对流传热漏热可以通过在杜瓦内抽真空大幅减小，辐射传热漏热可以通过加一层冷屏大幅减小。而传导传热漏热的最主要途径是电流引线，因此合理地选用电流引线材料和几何参数以减小漏热是超导磁体设计的一个重要课题。

超导磁体电流引线的漏热包括两部分，一是引线本身由室温环境向低温环境传导所带进的热量，二是引线由于通电而发出的焦耳热。一般来说，减小第一部分漏热可以通过选择低导热率，并减小引线截面积，增加引线长度来实现。减小第二部分漏热可以通过减小引线电阻来实现。对于一般的铜引线，减小电阻需要增大截面积并缩短引线长度。不幸的是，这与减小第一部分漏热的方法恰恰是矛盾的。

为了解决这个问题，现在大多数超导磁体均选择使用高温超导带材作为电流引线。这样做的好处主要有三点：第一，高温超导材料本身属于陶瓷，其导热率远小于铜；第二，高温超导带材的通流能力比相同截面积的铜大接近2个数量级，因而可以大大减小引线的截面积，从而减小传导漏热；第三，高温超导带材没有电阻，不会产生焦耳热。因此，高温超导带材特别适合作为超导磁体的电流引线。

3.4.4 磁体热稳定性分析

给定待设计的超导磁体工作在 30K 下，杜瓦中冷屏的温度为 80K，制冷机冷头分别在这两个温度下的制冷量可计算得到。根据这些数据，可以分别计算出磁体的发热和漏热总量，并将其与制冷机的制冷量相比，从而判断这个工作状态是否能够维持稳定。

超导磁体中的发热热源主要是磁体中有电阻的部分所发出的焦耳热。已经算得磁体中的总电阻约为 $5\mu\Omega$。当通以 100A 电流时，磁体一共会产生 0.05W 的热量。这部分热量将由二级冷头导走。

杜瓦的制冷过程可以分为三个阶段。第一个阶段为冷头将冷屏和磁体从室温分别冷却至 80K 和 30K；第二个阶段为冷屏和磁体温度不变，杜瓦内气压下降；第三个阶段为杜瓦内温度和压强均不变，而开始通电流至 100A。一级冷头在 80K 时可以提供约 40W 的制冷量，二级冷头在 30K 时可以提供约 17W 的制冷量。

对于第一阶段，一般的，温度越低时漏热越大，而制冷机的制冷量越小。因此，只要考虑冷屏和磁体温度分别为 80K 和 30K 时的热平衡情况即可，如果在这个条件下制冷机的制冷量已经大于杜瓦的漏热，则在较高温度下这个差只可能更大，因而可以保证降温过程顺利完成。一级冷头在 80K 时的漏热总计 13.8W，二级冷头在 30K 时的漏热总计 3.9W。可见，漏热远小于制冷量。

对于第二阶段，杜瓦内唯一的变化是其内部空气压强在低温泵的作用下，由 0.2Pa 降低至 10^{-2}Pa。此时，由二级冷头富余的制冷量约 13W 固化空气。气压降至 10^{-2}Pa 后，一级冷头的漏热减小为 4.3W，二级冷头的漏热减小为 1.05W。

对于第三阶段，杜瓦内唯一的变化是引入了通电流产生的焦耳热。一级冷头的漏热增加比由一阶段增加为 7.3W，二级冷头的漏热增加为 1.85W。

综合以上条件可以判断，选用的制冷机完全可以提供足够的制冷量，通过干式制冷将冷屏冷却至 80K，将磁体冷却至 30K。需要注意的一点是，在气压没有降到 10^{-4}Pa 之前，漏热最主要来自于空气的对流传热，因此，确保杜瓦内的真空度是保证杜瓦制冷的关键。

3.5　结论与展望

超导材料由于无阻和电流密度高的特点，非常适合于制造高场强、高稳定性的磁体。利用低温超导材料（NbTi、Nb3Sn 等）制造的超导磁体已经过了五十年的发展，应用于各类高精尖设备，例如：在 ITER、LHC 等高能物理束流装置中的低温超导磁体，医用核磁共振成像（MRI）设备中的低温超导磁体，在各类科研环节中提供 6~18T 背景磁场的低温超导磁体。但低温超导磁体工作温度低（4.2K），需要珍贵的战略资源液氦，或者大功率的制冷机，而且制冷时间长、低温维持系统要求高。因此，低温超导磁体在实验室和长时间运行条件下比较适合，而在野外等恶劣环境和需要快速部署的情况下，则有很大的应用局限性。

20世纪80年代中期高温超导材料被发现后受到了广泛关注和研发，高温超导材料具有临界温度高、临界磁场大的特点，在液氮温度（77K，－196℃）就可以进入超导态。因此，高温超导磁体凭借其较高的转变温度和高场下的优异性能，与低温超导磁体形成了很好的互补。

从技术角度来讲，使用高温超导磁体的具体优势体现在两个区域：第一，在2~6T，高温超导线圈可工作在20~30K，无需液氦，仅利用制冷机就可在很短的时间内达到这个温度（<1h），而且磁体运行具有高度的稳定性；由于不使用液态制冷剂，可以实现便携式快速制冷，免去安全隐患。这些特点受到军方单位的看重。第二，利用高温超导磁体工作在25T以上作为内插二级磁体也有很好的应用，但这类磁体的技术门槛极高，国际上仅2、3个小组具有设计制造能力。

高温超导磁体从狭义上可定义为以产生背景磁场为目的的线圈绕组，从广义上可定义为任何利用高温超导导线绕制成以提供安培匝数为目的的线圈绕组。高温超导磁体绕组根据外围设备和使用条件的不同，可构造出各类高温超导器件，如磁体、限流器、储能器、电机、磁分离器和感应加热器等，其核心部件都是高温超导绕组及其杜瓦的封装结构。绕组结构、相配套的低温制冷和维持系统在设计、制造和检测等环节具有高度的通用性。这种高度通用性为工业化磁体生产提供了极大便利。

参 考 文 献

[1] Onnes H K. The superconductivity of mercury. Commun. Phys. Lab. Univ. Leiden. 124.

[2] 冯峰，史锴，瞿体明，等. 制备高温超导涂层导体的技术路线分析 [J]. 中国材料进展，2011，30（3）：9-15.

[3] Han Z, Skovhansen P, Freltoft T. TOPICAL REVIEW：The mechanical deformation of superconducting BiSrCaCuO/Ag composites [J]. Superconductor Science & Technology, 1998, 10 (6)：371.

[4] Nishijima S, Eckroad S, Marian A, et al. Superconductivity and the environment：a Roadmap [J]. Superconductor Science & Technology, 2013, 26 (11)：113001.

[5] Larbalestier D, Gurevich A, Feldmann D M, et al. High-Tc superconducting materials for electric power applications [J]. Nature, 2001, 414 (6861)：368-377.

[6] Weijers H W, Markiewicz W D, Voran A J, et al. Progress in the Development of a Superconducting 32 T Magnet With REBCO High Field Coils [J]. IEEE Transactions on Applied Superconductivity, 2014, 24 (3)：1-5.

[7] Wang Q, Liu J, Song S, et al. High Temperature Superconducting YBCO Insert for 25 T Full Superconducting Magnet [J]. IEEE Transactions on Applied Superconductivity, 2015, 25

(3): 4603505.

[8] Xin Y, Gong W Z, Hong H, et al. Development of a 220kV/300 MVA superconductive fault current limiter [J]. Superconductor Science & Technology, 2012, 25 (10): 10501110.

[9] Runde M, Magnusson N, Fulbier C, et al. Commercial Induction Heaters With High-Temperature Superconductor Coils [J]. Applied Superconductivity IEEE Transactions on, 2011, 21 (3): 1379-1383.

[10] Shikimachi K, Hirano N, Nagaya S, et al. System Coordination of 2 GJ Class YBCO SMES for Power System Control [J]. Applied Superconductivity IEEE Transactions on, 2009, 19 (3): 2012-2018.

[11] E Ueno T K, Hayashi K. Race-track coils for a 3MW HTS ship motor [J]. Physica C, 2014, 504 (18): 111-114.

[12] Clarke C R, Moriconi F, Singh A, et al. Resonance of a distribution feeder with a saturable core fault current limiter [C] //Transmission and Distribution Conference and Exposition, 2010 IEEE PES. IEEE, 2010: 1-8.

[13] Commins P A, Moscrop J W. Analytical Nonlinear Reluctance Model of a Single-Phase Saturated Core Fault Current Limiter [J]. IEEE T POWER DELIVER, 2013, 28 (1): 450-457.

[14] Gu C, Han Z. Simulation of current profile and AC loss of HTS winding wound by parallel connected tapes: Gu C, Qu T, Li X, et al. Simulation of Current Profile and AC Loss of HTS Winding Wound by Parallel-Connected Tapes [J]. IEEE Transactions on Applied Superconductivity, 2014, 24 (1): 1-8.

[15] Yanagisawa Y, Okuyama E, Nakagome H, et al. The mechanism of thermal runaway due to continuous local disturbances in the YBCO-coated conductor coil winding [J]. Superconductor Science & Technology, 2012, 25 (7): 1186-1190.

[16] Levin G A, Barnes P N. The normal zone in $YBa_2Cu_3O_6$ + x-coated conductors [J]. SUPERCONDUCTORSCIENCE & TECHNOLOGY, 2007, 20 (12): 1101-1107.

[17] Gurevich A V, Mints R G. Self-heating in normal metals and superconductors [J]. Review of Modern Physics, 1987, 59 (4): 941-999.

[18] Iwasa Y, Sinclair M W. Protection of large superconducting magnets: maximum permissible undetected quench voltage [J]. Cryogenics, 1980, 20 (12): 711-714.

[19] Wang X, Trociewitz U P, Schwartz J. Near-adiabatic quench experiments on short $YBa_2Cu_3O_7$-δ coated conductors [J]. Journal of Applied Physics, 2007, 101 (5): 053904.

[20] Breschi M, Ribani P L, Wang X, et al. Theoretical explanation of the non-equipotential quench behaviour in Y-Ba-Cu-O coated conductors [J]. Superconductor Science & Technology, 2007, 20 (4): L9-L11.

[21] Badel A, Antognazza L, Therasse M, et al. Hybrid model of quench propagation in coated conductors for fault current limiters [J]. IEEE Transactions on Applied Superconductivity, 2012, 23 (3): 5603705.

[22] Blackstead H A, Pulling D B, Mcginn P J. Catastrophic quenching of superconductivity in

melt-textured $YBa_2Cu_3O_7-\delta$ with second-phase additions [J]. Journal of Applied Physics, 1995, 78 (3): 1866-1870.

[23] Nguyen N T, Tixador P. A YBCO-coated conductor for a fault current limiter: architecture influences and optical study [J]. Superconductor Science & Technology, 2010, 23 (2): 24.

[24] Andres N, Arroyo M. Quench detection in $YBa_2Cu_3O_7$-delta coated conductors using interferometric techniques [J]. Journal of Applied Physics, 2008, 104 (9): 093916.

[25] Song H, Davidson M W, Schwartz J. RAPID COMMUNICATION: Dynamic magneto-optical imaging of transport current redistribution and normal zone propagation in $YBa_2Cu_3O_7-\delta$ coated conductor [J]. Superconductor Science & Technology, 2009, 22 (6): 062001.

[26] Nanato N, Yanagishita M, Nakamura K. Quench detection of Bi-2223 HTS coil by partial active power detecting method [J]. Applied Superconductivity IEEE Transactions on, 2001, 11 (1): 2391-2393.

[27] Nanato N, Nakamura K. Quench detection method without a central voltage tap by calculating active power [J]. Cryogenics, 2004, 44 (1): 1-5.

[28] Nanato N. Detection of temperature rise in YBCO coil by time-frequency visualization of AE signals [J]. Physica C Superconductivity, 2009, 469 (15-20): 1808-1810.

[29] Yoneda M, Nanato N, Aoki D, et al. Quench detection/protection of an HTS coil by AE signals [J]. Physica C Superconductivity, 2011, 471 (21-22): 1432-1435.

[30] Kim D, Kim J G, Kim A R, et al. Quench Detection Method of HTS Model Coil Using a Series-Type Thermocouple [J]. IEEE Transactions on Applied Superconductivity, 2011, 21 (3): 2462-2465.

[31] Pfotenhauer J M, Kessler F, Hilal M A. Voltage detection and magnet protection [J]. IEEE Transactions on Applied Superconductivity, 1993, 3 (1): 273-276.

[32] Kreger S T, Sang A K, Gifford D K, et al. Distributed strain and temperature sensing in plastic optical fiber using Rayleigh scatter [J]. Proceedings of SPIE - The International Society for Optical Engineering, 2009, 7316 (5): 73160A.

[33] Sang A K, Froggatt M E, Gifford D K, et al. One Centimeter Spatial Resolution Temperature Measurements in a Nuclear Reactor Using Rayleigh Scatter in Optical Fiber [J]. IEEE Sensors Journal, 2008, 8 (7): 1375-1380.

[34] Chan W K, Flanagan G, Schwartz J. Spatial and temporal resolution requirements for quench detection in (RE) $Ba_2Cu_3O_x$ magnets using Rayleigh-scattering-based fiber optic distributed sensing [J]. Superconductor Science & Technology, 2013, volume 26 (10): 105015.

[35] Ravaioli E, Datskov V I, Kirby G, et al. A new hybrid protection system for high-field superconducting magnets [J]. Superconductor Science & Technology, 2014, 27 (27): 044023.

[36] Minagawa T, Fujimoto Y, Tsukamoto O. Study on Protection of HTS Coil Against Quench Due to Temperature Rise of Long Part of HTS Wires [J]. IEEE T APPL SUPERCON, 2013, 23 (3): 4702004.

[37] Tsukamoto O, Fujimoto Y, Takao T. Study on stabilization and quench protection of coils wound of HTS coated conductors considering quench origins - Proposal of criteria for stabilization

and quench protection [J]. Cryogenics, 2014, 63: 148-154.

[38] Iwasa Y. Case Studies in Superconducting Magnets [M]. 2th ed. New York: Springer, 2009.

[39] Ekin J W. Experimental Techniques for Low-temperature Measurements [M]. New York: Oxford, 2006.

[40] Gu C, Zhuang C, M Q T, et al. Voltage-current property of two HTS tapes connected by ordinary Sn-Pb solder [J]. Physica C-Superconductivity and Its Applications, 2005, 426-431 (426): 1385-1389.

第4章

饱和铁心型超导限流器设计分析

4.1 概论

4.1.1 发展现状

为限制电路中短路等故障引起的电流问题，故障限流器在高压电路系统中是必要的组成部分。目前应用的常见的故障限流器有以下几种：

（1）固态开关型（通常为晶闸管）　由于固态开关的运行会使负载电流产生畸变，影响电网运行质量，补偿投资成本也高；同时受电力电子器件耐压及通流能力的影响，在高电压大电流系统中难以应用。国家电网研制的 LC 谐振型限流器完成了示范工程，由于固态开关及控制部分串入 500kV 系统，工程占地很大，造价极高，推广应用的价值不大，示范工程建成之后就不再推广。

（2）电阻型限流器　利用热敏材料在故障电流下产生大电阻，或利用超导材料的失超来产生大电阻，但是不能解决重合闸时的电阻恢复问题。

（3）弱耦合型限流器　（铁心饱和型超导限流器以及永磁式交流电抗器型限流器）为一种交直流弱耦合型限流器，不能很好满足稳态阻抗低、限流阻抗大的要求，应用性不强。

为了限制 500kV 线路短路电流，防止重大故障发生，2014 年 6 月，广东省 500kV 东纵至宝安双回线路加装 21Ω 固定阻抗限流器，深圳至鹏程双回线路加装 28Ω 固定阻抗限流器，大大降低了线路传送容量。

为限制 220kV 电网单相短路和两相短路电流问题，广东地区已大量开展 500kV 主变中性点加装小电抗的工程建设，根据相关专题研究结论，小电抗的电抗取值为 10~20Ω，该方案对系统过电压影响极小，且不影响绝缘配合，现有变压器中性点的绝缘水平可以满足要求。

4.1.2 饱和铁心型超导限流器工作原理

1. 交直流磁场作用下的铁心磁特性

铁心在交直流共同励磁下，磁滞回线是不对称的，有公式：

$$H = H_k + H_m \sin\omega t \tag{4-1}$$

式中，H_k 为直流励磁磁场强度，H_m 为交流励磁磁场强度幅值，相当于在直流 H_k 上叠加一个正弦交变磁场强度 $H_m \sin\omega t$。铁心上半波饱和度高，下半波饱和度低，当直流励磁磁场强度增大时，铁心工作区域向正饱和方向移动，当 $H_k \gg H_m$ 时，铁心饱和，如图 4.1 所示的不对称局部回线。

保持交流励磁不变，增加直流励磁，磁滞回线包围的区域就越小，交直流作用下铁心磁滞回线簇如图 4.2 所示。限流器稳态下就工作在磁滞回线包络很小的区域，由于已经超饱和，磁滞回线已经被压缩为近乎一条线，此时铁心的磁滞损耗几乎为零。

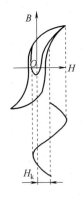

图 4.1　交直流作用下铁心磁滞回线

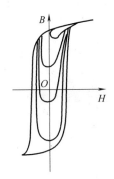

图 4.2　交直流作用下铁心磁滞回线簇

利用基本磁化曲线无法同时表示有交流与直流励磁时的铁心特性。为了计算和分析方便，这种励磁情况的磁特性以交直流同时磁化曲线簇 $B_m = f(H_k, H_m)$ 表示，如图 4.3 所示。

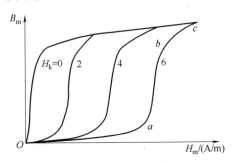

图 4.3　交直流同时磁化曲线簇 $B_m = f(H_k, H_m)$

从交流与直流同时励磁时铁心磁滞回线的特点来看，可以说明交流与直流同时磁化曲线簇的形状。图 4.4 给出了 $B(\omega t)$、$H(\omega t)$ 以及相应的 $B = f(H)$ 曲线（包括 $H_k = 0$，$H_k =$ 常数，H_m 由小到大三种情况）。

限流器的限流状态如图 4.4a 所示。没有直流励磁时，铁心的磁特性可用图中 $H_k = 0$ 的曲线表示。当 H_m 足够大时，铁心磁状态沿着极限磁滞回线变化，正负方向均能达到饱和状态，磁感应变化量最大，$\Delta B = 2B$，这时，交流线圈上的感应电动势最大，即限流器的限流状态。

限流器的稳态如图 4.4b 所示，直流励磁大于交流励磁幅值，磁滞回线在一个交流周期内的变化范围很小，B 的变化也很小，交流线圈上的感应电动势就很小，直流励磁远远大于交流励磁时，铁心进入超饱和状态，交流线圈上体现出的阻抗就接近交流线圈的空心阻抗，即限流器的稳态。

限流器的暂态过程如图 4.4c 和 d 所示，交流励磁幅值大于直流励磁，当系统发生短路后，直流没有退出运行。当短路电流峰值稍大于直流励磁时，磁特性如图 4.4c 所示；交流励磁幅值远大于直流励磁时，如图 4.4d 所示。

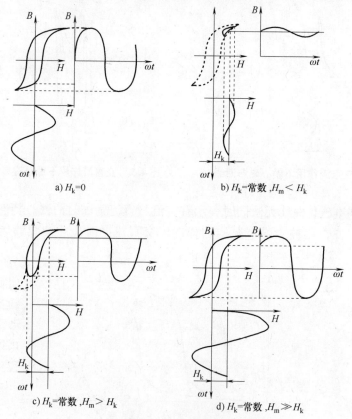

图 4.4 同时有直流与交流激磁的铁心磁化过程

2. 交流线圈的伏安特性

限流态下，当交流侧为正弦波形的电压源时，限流器交流侧的电流波形表现为尖顶波，相当于普通变压器过励磁时的励磁电流，如图 4.5 所示。

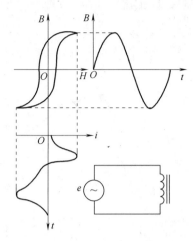

图 4.5　限流态电压正弦波时电流波形

由于稳态下铁心超饱和，铁心被限制在线性段，稳态下的交流线圈电流电压均为正弦波形。

3. 交流线圈的阻抗特性

阻抗特性曲线为切除直流与不切除直流两种，如图 4.6 所示。限流器稳态运行在直流不切除交流电流较小的位置，当发生短路或者线路潮流变化，交流侧电流增大，限流器阻抗也随之发生变化。在电流增大到一个拐点之后，直流切除与不切除阻抗基本相等，并随着电流增大阻抗接近。

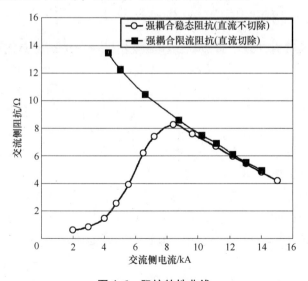

图 4.6　阻抗特性曲线

铁心柱截面积会引起阻抗特性变化。在限流条件下，阻抗特性曲线的峰值阻抗之后，铁心截面积与阻抗成正比，如图 4.7 所示。

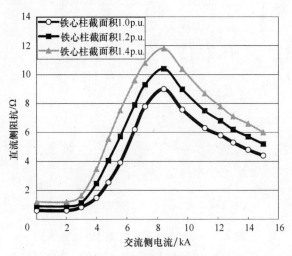

图 4.7　铁心柱截面积阻抗特性曲线簇

　　线圈匝数也会引起阻抗特性变化。在稳态条件下，线圈阻抗和匝数二次方成正比，限流条件下，阻抗只和匝数成正比。

4.2　饱和铁心型超导限流器电抗系统设计案例

4.2.1　220kV 超导限流器的绕组结构设计

　　三相一体的结构可以有效地利用超导绕组的励磁能力，只需要用一个超导绕组、一套低温系统、一套直流励磁系统就可以实现三相六个铁心的励磁功能。设备结构简单、占用体积小、制作成本低。在 220kV 电压等级的饱和铁心型高温超导限流器中，交流绕组处于高电位，其他各部件都处于低电位。通过采用合理的铁心、绕组装配结构，使交流绕组自然分散，从而保证了足够的绝缘距离。在高压电气设备中，为了满足绝缘要求，避免单台设备体积过于庞大造成的装配困难，常采用三相分体的结构形式。限流器如果采用三相分体结构，需要制作三套超导绕组、直流励磁系统、低温杜瓦，这将使制作成本大幅增加。另外，三相铁心彼此独立，没有磁关联，也不利于三相交流绕组磁势在铁心中的相互抵消，这会给超导直流绕组带来高的感应电压，不利于设备的安全稳定运行。

　　交、直流绕组有两种耦合方式：紧耦合和松耦合，分别如图 4.8 和图 4.9 所示。所谓的紧耦合是指交、直流绕组绕制在同一个铁心柱上，磁耦合效率高；松耦合是指交、直流绕组分别处于不同的铁心立柱上，它们通过铁心窗口进行磁耦合，磁耦合效率相对较低。

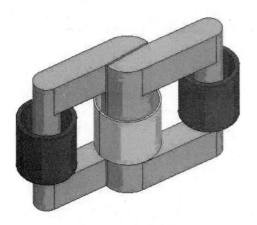

图 4.8　松耦合结构

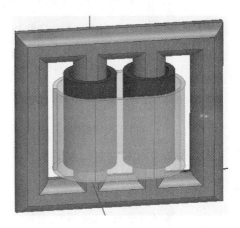

图 4.9　紧耦合结构

　　变压器设计中常见的是紧耦合结构，其优势是可以大大降低空气中的漏磁通，提高电磁转换效率。对于限流器而言，设计的要点是稳态时使交流铁心深度饱和，因此，紧耦合不是必须的选择。相反，若采用紧耦合结构将为设计和制造带来很多困难。首先，在限流器中，直流绕组是低压部件，交流绕组是高压部件，紧耦合意味着直流绕组和交流绕组在同一铁心上绕制，它们之间必须的绝缘空间将使铁心绕组的整体结构松散、体积庞大、造价昂贵。其次，直流励磁绕组工作在液氮温度下，为其创造低温工作环境的杜瓦是必不可少的。紧耦合结构要求直流绕组及杜瓦包裹交流绕组，这大大地增加了杜瓦的体积，增加了低温系统的冷量需求、制作复杂程度、运行消耗，降低了系统稳定性。根据上述原因，紧耦合的结构难以实现，且成本很高，因此在本例 220kV 超导限流器的设计中采用松耦合结构。

　　本设计例基于三相一体结构，每相由 2 个口字形铁心组成，三相共计 6 个铁心窗口。为了减少设备体积，使结构更为紧凑，6 个铁心的中柱设计为 60 度楔形，装配后铁心中柱为拼接成的圆柱状立柱。6 个铁心窗口的另外一个立柱则均匀分布在外圆周上。交、直流绕组装配结构如图 4.10 所示，直流绕组装配在铁心中柱上，可以为 6 个铁心励磁，交流绕组分别装配在六铁心的外边柱上，交、直流绕组为松耦合的方式。可以将图 4.10 所示的铁心、绕组装配结构称为三相六柱松耦合结构。

图 4.10　三相六柱松耦合结构示意图

4.2.2 220kV 超导限流器的绝缘设计

对于高压设备，绝缘设计是整体设计的一项重要内容，将直接影响设备整体的结构和性能。220kV/300MVA 超导限流器的绝缘形式有干式绝缘、油浸绝缘、气体绝缘等几种形式。对于 220kV 超导限流器而言，因为高压绝缘距离很大，交流绕组采用普通干式空气绝缘是不可能的。可考虑交流绕组采用电缆线绕制，但电缆制作绕组的技术国内尚处于研制阶段，制作 220kV 的电缆绕组尚无先例和成熟的技术。气体绝缘形式对容器的密封性要求很高，国内外也只有很少的高压变压器或电抗器采用这种绝缘形式，同样缺乏可靠成熟的技术。因此在 220kV 超导限流器设计中采用传统可靠的方法——油浸绝缘。

油浸绝缘需要制作油箱。油箱的设计有两种方案：一种是整体油浸，做成整体大油箱，将所有设备器身进线排列方式讨论整体都置于油箱中，油箱材料为金属材料；另一种是部分油浸，做成小油箱，只把交流绕组等高压器件放在油箱中，而铁心、夹件、杜瓦等低压器件采取空气绝缘形式。两种方案各有利弊。

对于整体油浸形式，利弊如下：

1. 优点

（1）整体油箱的结构设计简单，制作工艺成熟。

（2）设备不需要另外做保护外壳。

（3）接地方式简单。

2. 缺点

（1）设备体积庞大，运输、安装困难。初步估计设备器身直径在 6m 左右，整体油箱将无法进行公路运输，必须采用分体运输，现场组装的方式安装。现场组装需要有吊装设备、简易厂房、安装工具等硬件设施，还需要清洁、干燥、真空等苛刻的安装条件，安装成本很高。

（2）油箱内的电绝缘受低温杜瓦的影响。杜瓦始终相当于油箱内冷源，尤其是杜瓦顶部及输液管道，电流引线等温度较低，造成靠近杜瓦周围油温低于其他空间油温，造成较大温度梯度。油温度低，绝缘强度下降，容易造成低温杜瓦电场偏高，电场分布不匀。

（3）杜瓦处于油箱内部，制冷系统一旦出现故障，很难进行维修。

（4）杜瓦管道出口较多与油箱连接的结构复杂，设计制作难度较大。

对于部分油浸形式，需要制作 3 个分体油箱，分别将 3 相交流绕组置于油箱内。为避免套在铁心柱上的油箱自身形成短路环，不能采用金属制作油箱。玻璃钢等非导电材料可以用来制作油箱。油箱内只安装有交流绕组，而铁心置于空气中。玻璃钢油箱用于高压电气设备上，国内仍没有成熟产品，设计时需重点考虑几个方面的问题：玻璃钢油箱的机械强度、密封性、散热、使用寿命。

具体的优缺点如下。

1. 优点

（1）大大减小设备体积，便于运输、安装。

（2）避免杜瓦浸在绝缘油中出现事故隐患。

（3）避免金属油箱产生的涡流损耗。

（4）绝缘油用量大大减小，减少限流器现场运行油污染。

2. 缺点

（1）油箱体积小，油箱附件布置难度大。

（2）油箱本身结构占据铁心窗口位置面积大。

（3）玻璃钢油箱中所有金属件都需统一接地，不能出现悬浮电位，工艺复杂。

（4）玻璃钢油箱的寿命相对较短。

（5）玻璃钢材料相对于钢件机械强度低，对温度范围要求严格，可能存在老化、脱层、局部蠕变等问题，导致结构失稳，油泄漏。

传统的整体油箱结构将铁心、交流绕组均放置在油箱内，可以大幅减少绝缘距离从而减小设备体积。在变压器等设备中，铁心与一次绕组、二次绕组的装配较紧密，很难实现仅将高压部分置于油箱的分体结构。而在超导限流器中，低压器件如杜瓦、铁心占用很大的空间，而且结构、功能上具有一定的独立性。交流绕组匝数较少，占用体积较小。这种结构形式若将整个设备器身都浸渍在绝缘油中，会导致设备整体过于庞大。同时，低温杜瓦与绝缘油也会有相互不利的影响，尤其是使低温系统的维护变的十分困难，系统可靠性降低。基于这些考虑，尽管玻璃钢分体油箱也存在一定的弊端，在 220kV 超导限流器的设计中还是选取这种方案。

上述提到玻璃钢油箱的 5 个关键问题中，前 3 个问题可以通过合理设计皆得到解决。针对玻璃钢使用寿命相对较短的问题，设计中采用耐高温、耐老化的树脂材料制作油箱，并使用防老化涂层，最大限度延长玻璃钢油箱的使用寿命。另外，玻璃钢油箱的结构特征和受力状况也是油箱老化的一个重要因素。玻璃钢油箱自身形状不规则，尤其在向内凹处经高温及油本身压力会有两个相反的力出现，这可能导致原材料产生温度翘变，造成脱层、局部蠕变等缺陷，导致整体结构失稳，甚至发生泄漏。为此，在制造过程中我们对玻璃钢原材料做了耐高温试验，温度为 120℃，连续时间 7 天，试验结果表明，原材料在试验前后物性并无明显变化，该材料的高温性能满足使用要求。基于以上分析及测试，限流器采用了玻璃钢油箱的部分油浸式的整体结构。

由于空间布局限制，设计时把同相的两个交流绕组放置在一个玻璃钢油箱中，两个交流绕组串联在油箱内完成，把一相交流绕组的首尾两端引出油箱外，三相限流器共三个油箱，示意图如图 4.11 所示。

图4.11　限流器三相三油箱结构示意图

1—杜瓦　2—油箱　3—铁心　4—铁心夹件　5—升高座接口　6—散热器接口（各对称部分未标注）

注：杜瓦上两个出口为排气口和补液口，油箱上十字部分和其他条形部分为加强筋

4.2.3　220kV超导限流器的直流励磁系统设计

在本设计例之前的各种饱和铁心型超导限流器，电网短路故障发生时，大多几乎仍保持着励磁电流。这种设计是依靠短路故障发生时强大的短路电流在一个半波内使其中一个铁心退出饱和状态，其上的交流绕组呈现高阻抗，起到限流的作用。而另一个铁心被推到更深的饱和状态，其交流绕组对限流没有贡献。虽然限流器的每一相都含有两个铁心及其对应的绕组，但在同一时刻有限流作用的只是其中的一个。这种限流形式是被动式限流，其优点是无需额外的控制装置即可进行限流。但其缺点是：直流励磁侧在限流过程中不切断，可以等效为交流绕组的二次绕组。在短路限流的过程中，三相不平衡的电流电压，会在直流侧感应出强大的电流与电压。这一方面，削弱了限流器自身的限流效果，需要更多的铁心和交流绕组才能达到要求；另一方面，高感应电压对直流源的制作提出了很高的要求。因此，尽管这种限流器结构相对简单、自然具有限流性能，无需进行故障判断及限流信号触发，但一直被认为是制造成本高、体积、重量大、电源技术难以解决的限流形式，在实际中难以得到应用。

为解决上述问题，本设计例在限流器的励磁回路中加入了快速开关，变被动式限流为主动式限流，即首先通过监控装置探测短路电流的发生，然后控制限流器进行限流。在短路发生的瞬间（由监控装置在1ms内完成对短路电流的判断并发出动作指令），快速开关将超导绕组的直流励磁切断，使两个铁心同时退出饱和进入限流态。这样一来成倍地提高了限流的效率，避免了短路限流时感应高压对直流励磁系统器件的冲击。其结果是对于同等的限流能力，所需要的铁心的质量只是被动限流设计的1/2左右，用于励磁绕组的超导导线及其他材料也都可以大幅度削减，对直流电源的要求也可以降低，这意味着制造成本和设备重量大大降低，从而显著地增强了限流器的实用性。

图 4.12 为直流励磁系统的原理示意图，其中主要包括直流电源、快速开关、短路检测元件和释能回路（即磁能释放电路）等。直流电源为超导绕组提供励磁电流；短路检测元件用于检测和判断短路电流的发生，并及时发送动作信号，使快速开关开断或合闸；在快速开关切断直流电源之后，铁心和

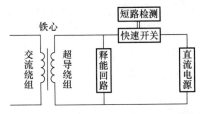

图 4.12　直流励磁系统的原理示意图

绕组内存储的电磁能量要及时放出，才能使铁心完全退出饱和，因此还需要释能回路。

根据系统的功能要求，直流励磁系统应具有以下性质：

（1）限流器稳态工作时，直流电源长期小功率输出。限流器重合闸时，直流电源应具备短时间大功率"强迫"送电的能力，在重合闸要求的时间内，重新使铁心处于深度饱和状态。

（2）短路电流检测和快速开关的动作速度要足够快，以满足电网对短路电流限制的时间要求。通常限流响应时间小于 5ms。

（3）释能回路既要进行大功率放电，以缩短能量释放时间，又要钳位电压，以保护直流励磁系统的元器件。

4.3　超导限流器直流绕组线圈设计案例

4.3.1　直流绕组超导带材选择

超导材料的发展经过了一个从简单金属到复杂化合物，由一元系到二元系、三元系直至多元系及高分子体系的过程。由于各自不同的本征特性、低温条件、合成技术及其环境污染等因素，各种超导体的实用化水平相差很大。根据其适用温度及制备工艺的不同，可简单分为低温超导、第一代高温超导和第二代高温超导等几类。目前在超导应用中，需求量最大的是超导线材，对高温超导块材、单晶外延薄膜等超导材料实际应用范围有限，此外，自 20 世纪初以来，随着 MgB_2 超导体（$T_c = 40K$）的发现及工艺研究，一种新型的超导应用材料也进入探索研发阶段。

低温超导材料主要包括 NbTi、Nb_3Sn 线材，使用传统的拉丝工艺制备，目前已实现了商品化应用，如用于医学诊断的核磁共振成像仪（MRI）及核磁共振仪（NMR）等。目前低温超导材料占据了整个超导应用领域 90% 以上的市场，然而低温超导体的临界温度太低，必须在液氦系统下使用，运行成本高，严重

限制了低温超导在电力系统中的应用。

20世纪90年代末，随着第一代Bi系超导材料的制备技术取得重大突破，高温超导线材很快应用于高温超导电缆、高温超导限流器、高温超导变压器等装置中，超导电力技术的应用有望提升电力工业的发展水平和促进电力业的重大变革。Bi系超导线材有更高的上临界场，可以用来获得更高的磁场；然而Bi系材料在液氮温区的不可逆场较低（77K只有0.2T左右），只有在较低温度时才适于强电应用；此外其交流损耗太大，不利于交流传输和变化磁场的应用；再者，带材加工工艺中的PIT技术需要使用贵金属Ag，成本较高，这些因素制约了第一代超导带材的发展。

基于双轴织构和薄膜外延技术的第二代高温超导带材，以Y系材料作为主体，拥有高密度的磁通钉扎中心，在液氮温区具有高的不可逆磁场，在磁场中拥有良好的超导载流能力。Y系带材晶粒间结合较弱，难以用传统的PIT成材工艺制备带材，其成材通常建立在现代薄膜外延生长技术上。与Bi系材料相比，Y系带材在磁场中临界电流密度可维持在很高的水平，突破了第一代材料只能适用于直流和低温的限制，适合液氮温区下强电应用。此外第二代高温超导材料以价廉的Ni、W合金为基带，以不锈钢或铜做衬底，成本明显优于第一代导体的Bi-2223带材。

相对前两种材料而言，MgB_2材料可采用PIT技术制备，且晶界处不存在弱连接问题和巨磁通蠕动效应。消除了制作线材和带材最严重的障碍，无需进行晶粒取向化，因此作为最具潜力的低成本超导体。但它的应用范围限制在20~30K的温区，后期还需要提高其不可逆场和高磁场下的临界电流密度。

第二代Y系材料的主要制备方法是在柔性金属带基底上制备长度满足需要的（km量级）并且性能均匀的涂层超导体，因此对制备工艺要求很高。高性YBCO带材对双轴织构的微观组织有较强的依赖性，即只有在双轴织构化的基带或隔离层上，通过外延生长技术才能制备高质量的YBCO。目前采用的是薄膜沉积工艺，将YBCO超导体以具有双轴取向膜的形态沉积在柔性衬底上，构成柔性的YBCO涂层超导带材。YBCO膜的双轴取向可以大大减少超导弱连接晶界，提高临界电流密度，同时膜的形态也可以增强抗应力-应变性能。现在研制成功的两种织构化的基带是"离子束辅助沉积"和"轧制辅助双轴织构"柔性基带。YBCO涂层超导带材结构上是由柔性金属基带（如Ni基带）、防扩散过渡层（CeO_2/YSZ，钇稳定的二氧化锆）、YBCO超导膜和保护层（如Ag膜）构成，如图4.13所示。目前可采用多种镀膜方法在金属柔性衬底上沉积高质量的YBCO薄膜，如激光融蚀法（PLD）、金属有机化学气相沉积法（MOCVD）、溅射法、喷涂分解法等美国LANL制备的IBAD带临界电流密度最高达到$10^6 A/cm^2$（75K，0T），ORNL制备的RABiTS带的临界电流密度也已达到$7 \times 10^5 A/cm^2$

（77K，0T）和 $3 \times 10^5 \mathrm{A/cm^2}$（77K，1T）。

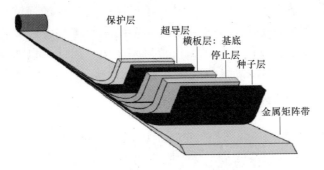

保护层　超导层　横板层：基底　停止层　种子层　金属矩阵带

图 4.13　第二代 Y 系高温超导带材结构

　　随着实用化高温超导材料研究的进步，高温超导在电力方面的应用研究也蓬勃地开展起来，而低温超导电力应用的研究则相对萎缩了。性能良好的超导材料是超导电力应用的基本前提。目前，实用低温超导材料已经完全产业化，各种低温超导磁体已经商品化。多年来的实践表明，低温超导材料在电力技术方面实际应用的空间比较有限，超导电力技术应用前景将主要取决于高温超导材料的发展。

　　第一代 Bi 系高温超导带材经过二十多年的研究发展，现在已经具备了成熟的制作工艺，常用的 4mm×0.2mm 的带材在 77K 下通流能力超过 180A，单根长度也已达到千米级，具备批量生产能力。在电网电力应用方面，第一代高温超导带材有广泛的应用，如高温超导电缆、高温超导限流器等电力设备。然而由于一代超导带材需要贵金属——银作为其主体（约 70%），其成本下降空间受到限制。较普遍的看法是一代带材的成本下限为 40~50 美元/kA·m。二代超导线材的出现为超导带材成本的大幅降低提供了可能。1991 年日本藤仓公司采用脉冲激光沉积法，在镍合金基带涂层上外延沉积了铱系氧化物，制造出二代高温超导带材。由于看好二代带材成本降低的远期前景，有人提出其成本下限可以低于 10 美元/kA·m。因此，二代带材一经出现便成为超导材料领域群呼众推的宠儿。目前，藤仓实际可实现 570A 电流、820mY 系超导带材的制造，并已在部分项目中得到应用。但二代带材的制作需要多道真空镀膜工艺，对设备、原材料和工艺都有很高的要求，现在的成本还是一代带材的数倍。

　　通过实验测试不同带材在垂直磁场和平行磁场下的衰减程度，可以知道：二代带材在垂直磁场下的衰减程度小于一代带材；平行磁场下一代、二代带材的临界电流的衰减程度均小于垂直磁场；二代带材受平行场的影响明显强于一代带材；一代带材有着较为明显的磁场各向异性，而二代带材在不同方向的磁场作用下临界电流衰减程度接近。

　　直流绕组为空心绕组，在磁体端部所受垂直磁场比较大，中部平行场比较大。另外磁体高度和直径差不多相同，因此垂直磁场在磁体中部也有一定的比列。按实验结果应该选取二代带材。考虑到一代带材的通流性价比较高且机械强度高，带材性能稳定，另外根据实验结果日本住友的一代带材的临界电流垂直磁场衰减特性并没有比二代带材差太多，因此可以选择日本住友的一代 Bi-2223 带材绕制双饼线圈，双饼之间的连接采用二代 YBCO 带材。

4.3.2 直流绕组双饼线圈结构

目前的高温超导磁体线圈都是由多个饼叠加组合而成，因此，每个 HTS 双饼线圈的性能都对绕组性能乃至整个限流器系统的优劣有着至关重要的影响。选择合适的加工工艺是双饼线圈研制的关键。每个饼可采用单饼或双饼结构，如图 4.14 所示。一般多采用双饼结构，将多个双饼超导线圈装配后，形成一个较大的超导磁体。相对于单根超导线绕制的超导磁体，双饼线圈有效减小磁体内的非超导连接数，有利于减少磁体内部的热干扰，并提高磁体稳定运行的能力。

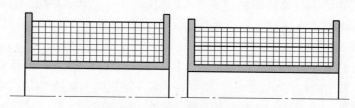

图 4.14 单饼/双饼线圈示意图

4.3.3 双饼线圈间的接头焊接

双饼线圈间的接头焊接是研制过程中的一个关键技术，其接头电阻的大小将直接影响限流器的运行稳定性。电流需要通过焊接的接头从一个双饼流经下一个双饼，以实现整个绕组电流的贯通，所以接头电阻的大小对装置运行具有重要的影响。将两根高温超导带材焊接在一起后，在焊接范围内，电流从一根超导带流到另一根超导带上时，要依次经过上层带材的基材（对第二代超导带材而言可能是银、铜、钨、锂等金属）、焊料层以及下侧带材的基材，这个过程中存在着电阻，电阻的计算表达式为

$$R = \frac{2\rho_{\mathrm{S}}d_{\mathrm{S}}}{S_{\mathrm{S}}} + \frac{\rho_{焊}d_{焊}}{S_{焊}} \tag{4-2}$$

式中，ρ_{S} 为超导材料电阻率；d_{S} 为超导材料的厚度；$\rho_{焊}$ 为焊锡的电阻率；$d_{焊}$ 为钎料的厚度；S 为超导带材之间的有效搭接面积。

钎料和超导带材确定的情况下，两种超导带材间的接头电阻随搭接处钎料层厚度的增加而增加，且与搭接面积成反比。在液氮温度下，焊锡的电阻率在

$1 \times 10^{-7}\Omega \cdot m$ 数量级，而超导材料的电阻率远小于焊料，所以液氮环境温度下钎料的电阻起关键影响作用。此外，在焊接第二代高温超导带材的过程中，需要特别注意带材的方向性，将超导面和超导面进行对焊，如果基带面对焊的话，由于基带层的电阻率比超导材料大几个数量级，会造成接触面电阻值急剧增大，从而通过大电流情况下发热量大幅度上升，造成绕组绝缘部分烧坏，导致失超。

由于 HTS 带材焊接部分弯曲性能差，小角度的弯折、扭曲就会导致超导层被破坏，影响双饼及磁体性能。为了避免焊接后的接头在组装时因错位发生弯曲形变，同时简化磁体组装过程，双饼线圈接头焊接需要通过一个与双饼外径相同的弧形模具定型完成。为了防止焊接过程中钎料在融化时将超导带材与模具粘在一起，焊接模具包括压片都采用不吃锡的铝合金制作。

不同的钎料的具体性能可以通过实验测出。通过对 SnInPb、$Sn_{63}Pb$ 和 $Sn_{96.5}AgCu$ 三种钎料进行对比测试，可以证明，在其他条件相同的情况下，Bi-2223/Ag 及 YBCO 高温超导带材接头焊接均可优先选择 $Sn_{63}Pb$ 钎料，从而在保证带材性能的同时又能尽量减小接头电阻。

不同焊接长度下的双饼接头性能也不同。实验发现，随着焊接长度的增加，Bi-2223/Ag 和 YBCO HTS 带材接头电阻减小，但是减小的趋势越来越小。Bi-2223/Ag 带材焊接长度达到 98 ~ 110mm 时，其接头电阻已基本无变化；YBCO 带材焊接长度在 50mm 以上时其接头电阻也已基本不变，两种带材的接头电阻均已达 $10^{-8}\Omega$ 量级甚至可达 $10^{-9}\Omega$ 量级。实际焊接过程考虑操作的裕度，焊接长度可以在上述长度的基础上略微留长即可。

由于大多数金属表面都极易被氧化形成一层薄薄的氧化膜，所以在实际焊接过程中，要首先清理焊接表面的氧化膜。在不采取有效保护措施的情况下，在焊接加热过程中，焊接表面会很快再次产生氧化膜，同时焊锡对焊接材料的润湿能力也无法达到理想的状态，一般认为只要有 70% 的接头面积填满钎料，且产生的缺陷既小又分散就可以满足焊接要求。超导带材上面的绝缘胶也需要提前进行清理，防止绝缘杂质对接头电阻产生影响。此外，为了保证钎料和超导带之间的铺展性，在进行接头焊接时，需要加入助焊剂以实现接头的良好焊接。松香溶于易挥发的酒精，溶液的流动性好，铺展能力也较高，因此焊接时用松香溶液作为助焊剂比固态状的焊锡膏更为方便可靠。

4.3.4　超导线圈绕制受力分析

高温超导线圈大多工作在大电流、强磁场条件下，若超导带材在电磁力的作用下发生机械位移，就有可能引起超导体失超。因此在线圈绕制过程中，带材上要加一定的张力，使带材层间尽可能紧密，防止机械位移的产生；此外，双饼线圈的两侧面要尽量处理平整，保证双饼线圈组装磁体时，不会压坏带材的侧面。一般在绕制过程中，超导带上的拉伸应力需要足够大，以保证绕制的双饼线圈更加平整、层间间隙更小；但是，超导线材超导芯是脆性氧化物陶瓷，若应力作用过大，会对内部超导芯造成损伤，使超导性能下降，应力太小又可能造成线圈结构松散，所以要选择合适的应力。实际绕制过程中，采用力矩电机控制作用在超导带材上面的作用力，拉力控制在 25 ~ 30N 之间较为合适，在弯曲方向上不超过带材的允许受力值，而且能够保证带材绕紧。

由于绕制张紧力的存在，每层导线绕上时，相当于该层导线对已绕上的导线和骨架筒体施加一个外压σ_{re}，使它们沿径向产生一个小的位移。随着绕制层数的不断增加，线圈外半径不断增加，在骨架筒体和线圈的不同层上产生不同的累积效应，在线圈最外层的径向压应力为 0，骨架筒体和线圈最内层的变形量最大。为了推导数学模型，可近似考虑每匝导线在相对很低的轴向压力下依序排列，假定轴向应力$\sigma_z = 0$；整个绕制过程中骨架筒体内表面的径向应力σ_{rfi}始终为 0；骨架筒体外表面和线圈内表面的径向应力和环向应变分别相等；假定绕制张力在导线上产生均匀的绕制预应力σ_{w0}；不考虑剪切应力τ_{rz}的影响；忽略骨架两侧端板的影响。

超导线圈由导线、环氧树脂、增强材料等复合而成，可以看作是横观各向同性材料；每层导线的绕制相当于加一个外压作用，因此推导外压圆筒的应力方程。骨架筒体的材料一般是不锈钢、黄铜等金属，其弹性性能是各向同性的。由轴向应力$\sigma_z = 0$，得到以下应力应变关系式：

$$\varepsilon_r = \frac{\sigma_r}{E_r} - \mu_{\theta r}\frac{\sigma_\theta}{E_\theta} \tag{4-3}$$

$$\varepsilon_\theta = -\mu_{\theta r}\frac{\sigma_r}{E_r} + \frac{\sigma_\theta}{E_\theta} \tag{4-4}$$

式中，σ_r、σ_θ为径向应力和环向应力；ε_r、ε_θ为径向应变和环向应变；E为材料的弹性模量；$\mu_{\theta r}$为材料的泊松比。

由轴对称关系和应变位移公式有

$$\varepsilon_r = \varepsilon_\theta + r\frac{d\varepsilon_\theta}{dr} \tag{4-5}$$

将式（4-5）代入径向力平衡方程，得到关于σ_r的微分方程

$$r^2\frac{d^2\sigma_r}{dr^2} + 3\frac{d\sigma_r}{dr} + \sigma_r\left(1 - \frac{E_\theta}{E_r}\right) = 0 \tag{4-6}$$

对于仅承受外压σ_{re}的圆环，边界条件为$r = r_i$，$\sigma_r = 0$；$r = r_o$；$\sigma_r = \sigma_{re}$；式中，r_i为圆筒的内径，r_o为圆筒的外径，设$\alpha = r_o/r_i$，则得到承受外压圆饼的径向应力、环向应力和环向应变分别为

$$\sigma_r = \frac{\sigma_{re}\alpha}{(\alpha^\kappa - \alpha^{-\kappa})}\left[\left(\frac{r}{r_i}\right)^{\kappa-1} - \left(\frac{r}{r_i}\right)^{-\kappa-1}\right] \tag{4-7}$$

$$\sigma_\theta = \frac{\kappa\sigma_{re}\alpha}{(\alpha^\kappa - \alpha^{-\kappa})}\left[\left(\frac{r}{r_i}\right)^{\kappa-1} - \left(\frac{r}{r_i}\right)^{-\kappa-1}\right] \tag{4-8}$$

$$\varepsilon_\theta = \frac{\sigma_{re}\alpha}{E_\theta(\alpha^\kappa - \alpha^{-\kappa})}\left[(\kappa - \mu_{\theta r})\left(\frac{r}{r_i}\right)^{\kappa-1} - (\kappa + \mu_{\theta r})\left(\frac{r}{r_i}\right)^{-\kappa-1}\right] \quad (4\text{-}9)$$

当在绕制预应力 $\sigma_{w0,1}$ 作用下第一层导线绕上骨架时，相当于该层导线组成的薄壁圆筒承受来自骨架筒体的内压，相应地骨架筒体承受大小相等的外压；当第 i 层导线绕上时，该层导线组成的薄壁圆饼承受来自下面 $i-1$ 层导线和骨架的内压，相应地由 $i-1$ 层导线和骨架筒体组成的圆饼承受与之相等的外压。设绕制过程中最外层（第 i 层）导线的环向应力为绕制预应力 $\sigma_{w0,i}$，第 i 个薄壁圆筒承受的内压 p_i 为

$$p_i = \frac{\sigma_{w0,i}\Delta r_i}{r_{0,i} - \Delta r_i} \quad (4\text{-}10)$$

式中，$r_{0,i}$ 为第 i 层导线的外径；Δr_i 为第 i 层导线的厚度。

因此，由 $i-1$ 层导线和骨架筒体组成的圆筒承受的外压 $\sigma_{re} = -p_i$；由 n 层导线组成的超导线圈全部层数绕制完成后，线圈中第 k 层导线的径向正应力由上面的 $n-k$ 层导线的压力作用叠加产生；环向正应力由上面的 $n-k$ 层导线的压力作用和该层导线的预应力引起。因此，绕制完成后第 k 层导线的径向应力和环向应力分别为

$$\sigma_{rw,k} = \sum_{i=k+1}^n \sigma_{rk,i} \quad (4\text{-}11)$$

$$\sigma_{\theta w,k} = \sum_{i=k+1}^n \sigma_{\theta k,i} + \sigma_{w0,k} \quad (4\text{-}12)$$

式中，$\sigma_{\theta w,k}$ 为施加在第 k 层导线的绕制预应力。

线圈在绕制过程中，需要施加适当的预应力。YBCO 带材机械性能良好，载流能力在拉应力 600MPa 时只有 5% 的衰减，并在应力解除后可完全恢复，因此只需要考虑预应力的最小值。为避免内匝线圈在冷却和励磁过程中脱绕，影响线圈与骨架之间的热传导，必须使其对骨架保持径向压应力。在实际绕制中，使用 30±5N 预应力既可以保证磁体的紧凑性，又能避免带材机械拉伸发生性能退化。

线圈在绕制之前需要对带材需求量进行计算，确保带材的使用率磁体设计完毕后，可根据线圈的尺寸和带材性能由以下公式计算出

$$L = \frac{\pi(OD^2 - ID^2)}{2d} \quad (4\text{-}13)$$

式中，ID 和 OD 分别为线圈内外径；d 为带材厚度。

实际中，由于预应力的影响，每层带材在绕制时均受到径向压应力，带材表面包绕的聚酰亚胺绝缘层在受压时形变较大，计算结果会小于实际用量，因此在绕制之前需要使用 5~10m 带材进行绕制实验，修正绕制的实际厚度，修正后的公式表示为

$$L = \frac{\pi(OD^2 - ID^2)}{2\delta d} \quad (4\text{-}14)$$

式中，δ 为线圈沿径向的收缩因子，与绕制预应力和带材机械性能有关。

4.3.5 双饼线圈骨架设计

线圈骨架的材料通常使用不锈钢、玻璃钢和黄铜等，其中不锈钢机械强度最高，可避免大应力带来的线圈变形，常用于高电流大尺寸磁体骨架；玻璃钢不导电，可避免涡流的影响，但比热容和热膨胀系数较大；黄铜具有优良的导热性能，有利于在线圈失超时将产生的热量迅速排走，尽管黄铜机械性能稍差，但小型磁体的应力在其可承受范围之内，因此小型线圈可以选择黄铜制作骨架，如图 4.15 所示。

除金属黄铜骨架之外，为了减少骨架上的涡流损耗，骨架结构上面可以采取锁扣接头结构，在环向起隔断作用，并在锁扣接头的缝隙处填充涂有低温胶的玻璃丝以及环氧板。磁体电流变化时，锁扣结构能有效阻断环向感应电流的产生，大大减小骨架的涡流损耗。铜骨架具体结构如图 4.16 所示。骨架切口的锁扣结构如图 4.17 所示。

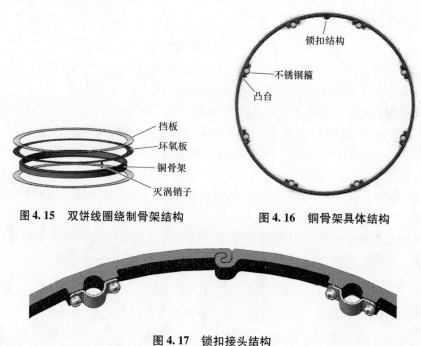

图 4.15 双饼线圈绕制骨架结构   图 4.16 铜骨架具体结构

图 4.17 锁扣接头结构

4.3.6 双饼线圈绝缘与固化设计

绝缘材料在超导线圈中起着重要作用，绝缘材料不仅承担着层间和匝间绝缘的作用，而且也需要保证线圈带材之间结构的稳定，以及在低温下不会发生热应力引起的结构破坏。综合考虑以上因素，对绝缘材料的机械性质、热力学性质以及电学性能都有较为严格的要求。绝缘材料应用于超导电力装置后，往往都在某种固定的绝缘结构下工作，其绝缘性能需要结合具体的绝缘结构来体现。以绕包式绝缘结构为例，其整体绝缘性能不仅仅与绕包的薄膜型绝缘材料自身性能有关，薄膜材料承受的绕包应力、温度老化、绕包层数、绕包角、绕包层间的液氮和气泡以及工作的液氮环境压力和流速等因素均会对整体绝缘性能产生影响。目前在超导线圈中使用的主要绝缘结构主要包括匝间绝缘、层间绝缘和对地绝缘等。

超导磁体的冷却方式主要有浸泡式和迫流式两种方式，浸泡式磁体制造时在超导带材表面绕包绝缘，一般用薄膜或者纸带，如在带材上用半迭法包绕一层聚酰亚胺薄膜，相邻的导体之间构成 0.5mm 厚度的匝间绝缘；每饼之间用环氧玻璃布隔断，平整地垫上 1mm 厚度的玻璃纤维布，构成 1mm 厚度的饼间绝缘。间隙作为冷却通道，再将整个线圈内外两面适当位置用支撑杆绑扎固定。为了防止每饼绕组内导体运动，绕制线圈时涂上环氧胶 VPI 浸渍固定。

在线圈绕制过程中，仅仅加载一定大小的拉伸应力无法做到超导带材层间不留空隙，为防止通电时的机械扰动，增加磁体的机械稳定性，在线圈绕制完成后要填充适当的填料进行固化，使线圈形成一个整体。填料选用低温环氧胶，起到层间绝缘和匝间绝缘的作用。绝缘固化方法采用低温环氧树脂真空压力浸渍（VPI）固化工艺，对绕制完成的双饼线圈进行固化处理。

线圈的固化过程如下：将绕制完成的线圈放置在一个半径与超导线圈匹配的不锈钢压力容器中。将开口容器放在真空腔体中，预加热至 30℃ 左右。开口容器中注入没过线圈的环氧树脂。将真空室抽真空，把双饼线圈间隙中的空气抽走，使注入的环氧胶完全进入空隙中，经压力浸渍直至保证环氧树脂完全填满每个空隙。从容器中取出线圈，将线圈表面上多余的环树脂清理干净，同时对线圈的骨架接触和带材两端接头进行保护处理，防止固化后胶附于骨架和线端，给下一步的接头焊接等工作造成不必要的麻烦。在线圈上、下端面加上模板，并在四点对称处加装固定夹具，使表面平整、光滑。再将线圈置于恒温烘箱中进行固化。固化流程如图 4.18 所示。

对于超导带材的绝缘处理，一般的传导冷却磁体对于超导线材绝缘强度的处理方法是在超导线材表面包裹聚酰亚胺薄膜材料。但聚酰亚胺薄膜导热性较差，包裹在带材表面会增加线圈与导冷部件之间的

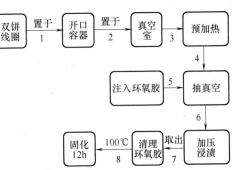

图 4.18　双饼线圈固化流程

传导热阻，降低线圈的导冷效率。而且，在线圈固化过程中，聚酰亚胺薄膜与固化剂的贴合性较弱，更不利于固化剂的渗透与粘接，降低了线圈的低温机械性能。

为了避免上述问题，可以使用低温绝缘漆代替线材外面包裹的绝缘材料，涂刷厚度取 $10\mu m$ 为宜。超导带材经过漆盘挂上绝缘漆后，进入烤箱，在约 $300℃$ 下烘烤，吹干。整个挂漆、抹匀、烘烤程序需要在一次倒线过程中完成，过程中线材行进速度可取 $1.5m/min$ 左右较好。据涂漆厂家英纳超导的研究成果，超导带材绝缘处理后临界电流不会发生衰减。根据试验结果，该工艺方案对线圈的绝缘强度、机械强度以及导冷效率均有显著提升。绝缘漆可作为线材外表面的基础绝缘层，为线材各个表面提供绝缘保护。

4.4 饱和铁心型超导限流器制冷系统设计案例

制冷系统需要确保直流励磁系统中的超导直流励磁绕组部分处于液氮温区，从而保证超导限流器系统的正常工作。超导电力产品一旦投入使用，其可靠性很大程度上取决于制冷系统的可靠性，设计方案时，需充分考虑制冷系统的运行可靠性。

4.4.1 制冷系统总体方案设计

制冷系统的总体方案设计可以简单地进行初步分类与选择。从对液氮的冷却是否使用过冷箱进行分类，有直接冷却法和间接冷却法；从杜瓦液氮是否有外加补充进行分类，有空间相连和空间独立；从液氮循环使用为闭式系统还是开式系统进行分类，有制冷机与机械泵的选择。这些元素组合起来，具体的方案有以下 4 种：

(1) 间接冷却，空间相连，制冷机。
(2) 间接冷却，空间独立，制冷机。
(3) 直接冷却，制冷机。
(4) 直接冷却，机械泵。

对于电力设备而言，第一要求是可靠性，然后是免维护。优先考虑可靠性的情况下，第四种方案更简洁、更可靠，对应的示意图如图 4.19 所示。

如图 4.20 所示，实际设计的整个制冷系统由超导绕组杜瓦和补液系统两大部分构成。超导绕组杜瓦包含杜瓦、水环真空泵、汽化器三个主要设备和温度计、压力计两种测量仪；补液系统由液氮储槽、输液管、排气管三个主要设备和它们各自的控制阀门，以及液位计、压力计两种测量仪。

超导绕组置于超导绕组杜瓦内，杜瓦与超导绕组的固定结构能承受短路电动力、运输冲击。液氮储槽和杜瓦之间由输液管连接，通过阀门控制液氮定期

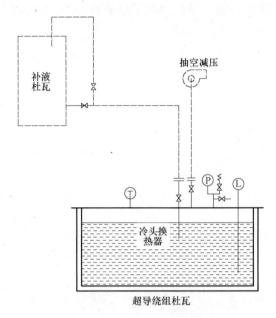

图 4.19　低温系统流程示意图

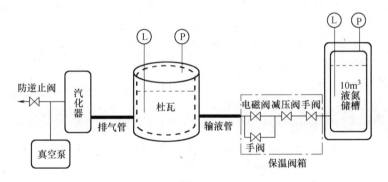

图 4.20　直接冷却开式低温系统设计图

从储槽向杜瓦补充。杜瓦蒸发的氮气直接通过真空输液管，经过汽化器加热到室温后排放到大气。在汽化器的出气口安装有水环泵，用于对杜瓦抽真空或抽空减压降温。

　　在杜瓦上压力计监测杜瓦异常；温度计通过温度测量液面上下限作为液位计使用（应用两套液位计主要从测量精度、可靠性、寿命等角度考虑）测量杜瓦液位变化；液氮储槽上同样有液位计和压力计测量储槽液位和储槽压力。压力、温度信号由低温系统 PLC 监控程序采集。低温系统监控程序根据杜瓦压力情况监控是否发报警信号，根据杜瓦液位变化自动控制补液阀向杜瓦补液，根据储槽液位发出补液信号，根据储槽压力情况自动减压或增压。从安全角度考虑，补液、增压、减压的控制阀门，除了自动控制阀门外，都有手动阀门作为后备；而且在输液管上增加了手动出液阀，在排气管上增加了手动放气阀，又增加了一层后备。

4.4.2 杜瓦设计

与杜瓦存在装配关系的限流器部件有铁心和超导绕组。超导绕组安装在杜瓦内，杜瓦安装在铁心的窗口内。铁心的直径决定杜瓦的内径，超导绕组的大小决定杜瓦的外径和最小高度。杜瓦的壁面厚度及法兰厚度参考压力容器的设计规范。杜瓦还要留出超导绕组电流引线出口、补液口、排气口、液位计及压力计测量接口。根据以上情况，杜瓦为环形圆柱体结构，在上法兰引出 6 根引出管。

杜瓦顶部接口布置示意图如图 4.21 所示，杜瓦补液口与汽化器抽空减压接口呈 180°，避免补充的液氮还没有落入液池就被水环真空泵抽走，同时，也可以缓解杜瓦内水平方向上液氮的温度梯度。大电流引线与其他测量控制引线分开布置避免相互干扰。

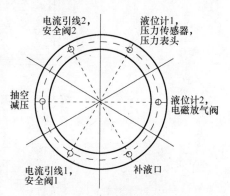

**图 4.21　超导绕组杜瓦顶部
接口布置示意图**

为了保证最佳的绝热效果，杜瓦为高真空多层绝热结构，由内筒和外筒组成。内筒安装超导绕组，盛放液氮，工作时处于液氮温区。外筒处于室温。内筒上缠绕着多层由镀铝薄膜（或铝箔）和绝热纸组成的反辐射绝热层，而且内筒和外筒之间的空间抽真空，形成高真空绝热结构。内筒与引出管焊接后悬挂在外筒内。引出管除了作为接口，还能延长液氮与室温的导热长度，减少热负荷。杜瓦的剖面图如图 4.22 所示。

绝热材料选择铝箔和绝热纸组合。每层绝热材料由一层铝箔和一层绝热纸组成。绝热纸比铝箔稍宽，避免缠绕时相邻的两层铝箔接触形成热短路。铝箔和绝热纸上预先打若干小孔，有利于抽真空。绝热材料裁成合适宽度，能与杜瓦的弧度紧密贴合，同时减少缠绕工作量。

杜瓦的尺寸决定了杜瓦的重量，关系到铁心窗口的大小，以及整个限流器本体的重量。杜瓦尺寸的设计原则是在满足强度、绝热、绝缘的要求下，选择最为紧凑的设计方案。杜瓦的设计思路是从铁心直径开始，从内到外，从下到上，依次确定各壁面、法兰、管道的尺寸。

在本设计中，目前已知铁心直径为 1720mm。铁心和杜瓦之间用胶棒等软间隔物隔开。铁心和杜瓦的装配空隙要考虑铁心及杜瓦的加工精度、间隔物尺寸。

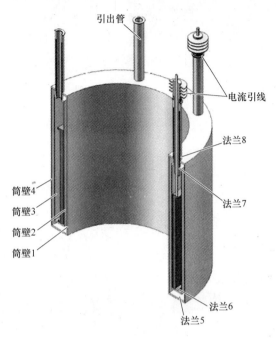

图 4.22　杜瓦的剖面图

铁心直径加工精度约为 5mm，杜瓦直径的精度小于 5mm。选择铁心与杜瓦的装配空隙为 30mm，间隔物的尺寸根据实际空隙灵活选择。

绝热材料在杜瓦内筒上缠绕 35 层，缠绕密度为 20 层/cm。绝热层的总厚度约为 25mm。绝热层和外筒要有一定的空间，形成真空。考虑到杜瓦装配精度和杜瓦的环形结构，杜瓦径向真空距离设计为 50mm。

杜瓦容积的设计除了要把超导绕组装进杜瓦内，还要满足液氮有一定的冗余容量，补液周期为 1 天左右。完成杜瓦尺寸设计后，还要对杜瓦热负荷进行校核，检查是否满足补液周期的要求。

4.4.3　抽空减压系统及电气连接

图 4.23 所示为抽空减压系统流程图。换热器将从超导绕组杜瓦内抽出的冷氮气加热至室温，避免冷氮气进入真空泵发生危险。逆止阀、真空电磁放气阀、真空电磁阀共同作用，防止真空泵停机时泵内的工作液倒吸入超导绕组杜瓦内。水环真空泵（真空泵）为长期运转部件，采用两套相互备用。

图 4.24 为气动低温补液阀的电动与气动连接示意图，从液氮储槽顶部流出的具有一定压力的冷氮气经换热器加热至室温后储存在储气罐中，然后经减压阀减压至气动补液阀所需输入压力进入阀门的定位器。补液阀根据工控机给出的控制信号，打开相应的开度，控制补液速度。两个补液阀相互备用。

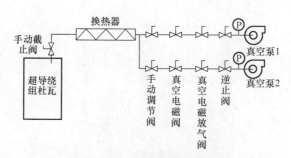

图 4.23 抽空减压系统流程图

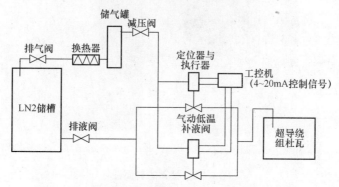

图 4.24 气动低温补液阀的电动与气动连接示意图

4.5 35kV 超导限流器设计案例简介

4.5.1 案例背景

随着我国电力系统的不断发展，输电配电规模日益扩大、变电站容量、城市中心负荷密度不断增长，这些都带来了电网的故障短路电流水平的不断上升，已达到或超过了断路器的最大遮断电流，目前我国很多地区的短路故障电流可达 60kA 以上，甚至超过了断路器的遮断电流能力，在这种大短路电流情况下，传统方法已无法解决电网的短路故障问题。因此，只有将电网的故障电流限制在可以接受的水平是解决短路故障问题的唯一出路，限制短路电流是保证电网系统安全稳定的重要手段。现有的限制短路电流的手段比较有限，主要是使用高阻抗变压器或者限流空心电抗器等，这些设备虽然在一定的程度上可以降低故障电流，但是同时也会增加电力的传输损耗，对电能质量产生不良影响。

抑制短路电流的新思路是，在电网正常运行时呈现出较小的阻抗，以降低设备的运行损耗；而当故障发生时，能够表现出高阻抗特性，即短路电流抑制装置具有阻抗的非线性。磁饱和型的超导限流电抗器便应运而生，该设备具有阻抗非线性的特性。

　　2007 年，天津百利机电控股集团有限公司与北京云电英纳超导电缆有限公司联合开发研制了 35kV/90MVA 超导限流器，如图 4.25 所示，并于 2008 年元月在昆明普吉变电站挂网运行，是当时世界上挂网运行电压等级最高、容量最大的超导限流器，处于限流器的国际领先水平。经过实际三相短路试验的考验以及近几年的安全挂网运行，验证了超导限流器良好的限流效果和长期运行的安全稳定性，这标志着超导限流器技术已经进入实用化阶段。

图 4.25　北京云电英纳与天津百利机电的 35kV 三相饱和铁心型超导限流器

4.5.2　35kV 超导限流器

　　北京云电英纳从 2003 年开始确定技术路线，即采用饱和铁心型技术来发展 SFCL 项目，2008 年 1 月其与天津百利机电共同研发与制造的 35kV/1.2kA/90MVA 的饱和铁心型 SFCL 在云南普吉变电站挂网运行成功，并于 2009 年 7 月通过验收，成为了世界上挂网运行电压等级最高、容量最大的超导限流器。该 SFCL 成功将 41kA 的短路电流限制至 20kA 以下，限流响应时间在 5ms 以内，直流回路恢复时间小于 0.8s。

表 4.1　35kV/90MVA 超导限流器主要技术指标

出厂信息	额定电压	35kV	技术指标	最大故障电流	41kA
	额定电流	1500A		限制后最大电流	20kA
	重量	27t		常态下系统电阻	<0.35Ω
	高度（无/有外壳）	3.2m/4.2m		故障检测时间	<1ms
	直径（无/有外壳）	3m/4m		反应时间	<5ms
	安装	户外安装		恢复时间	<800ms

4.5.3　35kV 超导限流器工作原理

　　超导限流电抗器的限流原理是：在系统稳定运行时，超导限流器是低阻抗状态,当系统中突发短路电流时,限流电抗器会在短时间(约5ms)呈现出高阻抗的状态,以限制短路电流的大小,为断路器提供较有利的开断条件。

该35kV三相超导限流电抗器主要分为电抗系统、直流励磁系统、低温系统、监控保护系统、外壳5个部分,其中,直流励磁系统是限流器的控制部分,该系统的动作特性就直接决定了限流器的限流效果。饱和型超导限流电抗器,其原理是1982年由Raju等人提出的,其单相的原理图如图4.26所示,它是由两个完全相同的铁心电抗器组成,绕组部分是由超导(直流)绕组和交流绕组构成,其中一个铁心内的直流磁场与交流磁场同向,另一个与交流磁场反向,具有很大安匝数的直流超导偏置绕组使两个铁心处于深度的饱和状态,这样的结构可使得通过直流绕组的两个交流磁场相互抵消,当系统额定交流电流通过交流绕组线圈时,交流电流引起的交变磁场远不足以使铁心脱离饱和区,因此,整个串在系统的交流绕组在正常运行时呈现为极低电阻状态。当出现短路故障时,超导绕组的直流励磁系统会在极短的时间内,将超导绕组的直流电流降为0,铁心退出饱和态,交流绕组侧呈现出高阻抗以达到限制故障电流的目的。其结构图如图4.27所示。

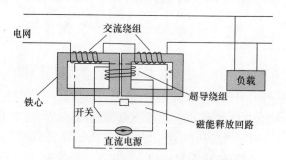

图4.26　单相超导限流电抗器的原理图

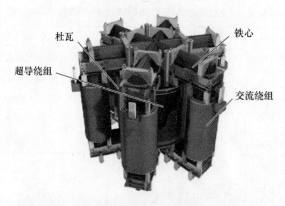

图4.27　三相超导限流电抗器的结构模型图

35kV 超导限流器直流励磁系统包括超导绕组和直流控制电源两大部分。限流器的运行状态与直流控制电源的工作过程密切相关。在电网正常运行时，电源提供励磁电流将铁心偏置到深度饱和态，交流绕组呈现低阻抗，因此限流器对电网的运行影响较小，此时的限流器工作状态称之为稳态。当电网发生短路故障时，电网故障识别电路正确判断出电网故障，并向快速开关发出断开信号，指示快速开关动作，关断直流励磁电源的输出，使铁心退出饱和态，限流器呈现高阻抗，限制了电网中的故障电流，可以满足限流器后面的断路器安全切除，此时的限流器的工作状态称之为限流态。在限流器实现从稳态到限流态的过渡过程中，需要实现超导磁体中磁能的吸收，主要实现办法是在超导磁体两端并联高能压敏电阻。为满足断路器正确安全重合闸，在断路器合闸之前，电网故障识别电路监测到断路器断开后，命令直流励磁系统快速开关重新导通，使限流器铁心恢复到深度饱和态，确保限流器重新呈现低阻抗，此时的限流器的工作状态称之为恢复态。

4.5.4　35kV 超导限流器直流系统

35kV 超导限流电抗器的运行接线图如图 4.28 所示。

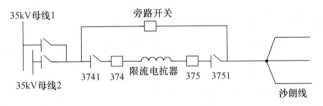

图 4.28　挂网运行的超导限流电抗器接线简图

该超导限流电抗器的直流系统包含超导绕组与直流控制电源两大部分，直流控制电源用于向超导磁体提供直流偏磁电流，以控制限流器的运行状态。直流控制电源包括直流电源、快速开关、磁能吸收电路、快速充磁电路、电网接地故障识别电路等模块，如图 4.26 的虚线框部分所示。

限流器的限流效果与直流控制电源的工作特性密切相关，当电网发生故障时，电网故障识别正确判断出电网故障，并向快速开关发出断开信号，快速开关断开直流励磁电流的输出，此时铁心退出饱和态，交流绕组侧呈现出高阻抗，从而限制了故障电流，而直流绕组中的磁能通过磁能释放回路吸收，吸收磁能是通过在直流绕组两端并联高能压敏电阻来实现。

4.5.5　35kV 超导限流器超导绕组设计

超导限流器在稳态运行情况下，由于交流三相绕组、每相两个绕组间产生的磁通在超导限流器中柱上可以相互抵消，超导绕组上几乎不会产生交流感应电压，绕组匝间电压仅为直流电压。但当系统进入到限流状态时，交流绕组三相间就存在不平衡的关系，超导绕组会在短路瞬间感应出交流电压，因此超导绕组匝间绝缘强度是非常重要的问题。

超导绕组上最大的电动力会出现在限流器限流状态下。在系统发生短路故障时，由于漏磁的存在，超导绕组轴向和幅向上将承受较大的电动力。轴向电动力使绕组向中间压缩，这种由电动力产生的机械应力，可能影响绕组匝间绝缘，对绕组的匝间绝缘造成损伤；而辐向电动力使绕组向外扩张，可能失去稳定性，造成相间绝缘损坏。电动力过大，严重时可能造成绕组扭曲变形或导线断裂。所以，超导绕组骨架制作与绕组固化等步骤都需要涉及绕组的机械强度问题。

超导磁体内的绕组是将铜合金线材绕在一个环形的骨架上制作而成，超导线材的工作环境温度在液氮温区 77K（–196℃）下。只有在保障了超导绕组工作环境温度的情况下，才能保证超导绕组在超导态正常运行，因此绕组与液氮之间的热交换问题是设计中的重点。为了使超导线材有较好的散热空间，很好地与液氮进行热交换，选择较合理的骨架结构至关重要，同时还需保证骨架在液氮环境下的机械强度和韧性。

4.5.6　35kV 超导限流器直流控制电源

直流控制电源部分包括直流电源、快速开关、磁能吸收模块以及控制模块四部分。直流电源的负载是超导绕组，在稳态、限流态、恢复态具有不同的运行特性，因此对直流电源部分及控制部分有着特殊的要求。

1. 直流电源

直流源用于向直流绕组提供直流励磁电流。由于电网长期正常运行，就要求直流源的输出具有较高的稳定度和可靠性。电源在运行的过程中会遇到两个问题：一个是在稳态运行时，铁心的不对称性在直流绕组两端产生的感应电压会干扰电源输出的稳定性；另一个是限流器在短路故障发生未切断直流回路之前也会有感应电压产生，会威胁直流电源的安全。

直流源的输出要与超导磁体的设计相匹配，磁体中的超导绕组由多个超导饼串并联组合而成。35kV 挂网限流器超导磁体的设计通流约为 300A，故电源设计额定输出值为 300A。

由于直流源的负载是超导材料绕制的绕组，工作时直流绕组处于超导态，直流电阻几乎为零，即电源近乎在短路状态下工作。考虑到导线损耗、导线接点等因素，超导绕组稳态压降低于 0.5V。

所以电源应满足的条件，一是低电压大电流输出，二是具有输出抗干扰能力。

2. 直流电源的控制部分

直流电源的控制部分是整个超导限流器的关键装置，内置的监测单元通过监测交流电网的电压和电流信号，当监测到交流电网发生短路故障时，系统在数毫秒内识别出故障，并及时通过开关和保护系统切断直流励磁，使超导限流器工作在限流态，同时保护系统各个部件免受关断电压和交流侧感应过电压影响；在监测到电网故障消除后，控制系统控制开关重新导通，快速给限流器充磁，在 600ms 内使其恢复到正常的工作状态。其直流主回路的设计原理图如下：

如图 4.29 所示，限流器稳态运行时，接触器 JCQ1、JCQ2 闭合，接触器 JCQ3 断开，三相 380V 电源经过 380V/28V 变压器降压，在经过整流模块，给电容 $C1$ 充电（使用 6 个 500μF 的电容串联而成）用来给超导绕组提供稳定的励磁电流。

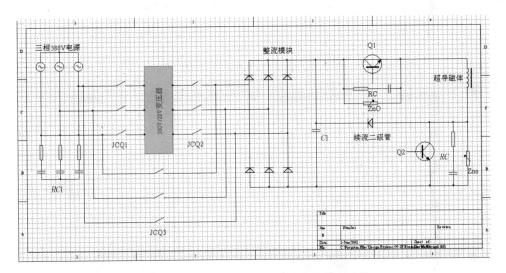

图 4.29 35kV 超导限流器直流电源控制系统

在限流态时，快速开关 Q1 和 Q2 同时断开，直流励磁电流在数毫秒之内由额定值降为 0，励磁电流下降时间测试如图 4.30 所示。而在恢复态时，交流接触器 JCQ1、JCQ2 和 JCQ3 与稳态时的通断正好相反，380V 交流电则直接经过整流模块，在电容 $C1$（4000μF）两端产生约 500V 的直流电，用于向超导磁体强励磁，以达到在 600ms 内的完成励磁的时间要求。通过试验测试，直流励磁电流在 520ms 内由零达到额定值，励磁电流上升时间测试如图 4.31 所示。

3、快速开关及过电压保护单元

昆明普吉变电站 35kV 出线保护相间电流 I 段为零时限速动段，继电装置固有动作时间不大于 40ms，这段时间之后断路器动作。为保证断路器安全动作，必须在断路器动作之前将短路电流限制到安全范围[1]，因此对快速开关的断开时间提出这样的指标：直流回路完全断开时间小于 5ms，这个时间为快速开关接

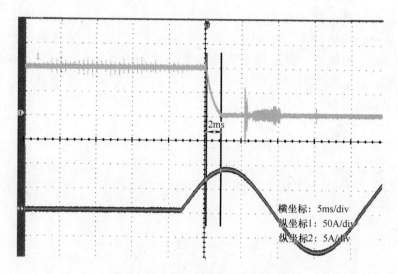

图 4.30 直流励磁电流的下降时间

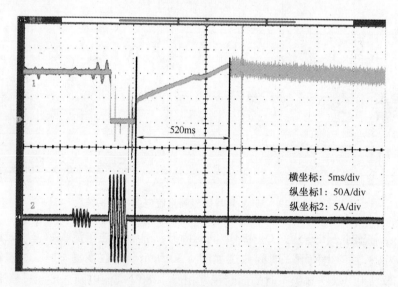

图 4.31 直流励磁电流上升时间

收到断开指令，一直到直流回路内电流（包含铁心内磁能释放的过程）减小至零（或很小，保证限流器铁心退出饱和）的时间。

选用 IGBT 做为快速开关可满足断开时间小于 5ms 的要求，快速开关由 4 组 IGBT（选用 ABB 5SNA 0600G650100，$V_{ce} = 6500V$，$I_c = 600A$）串联组成，如图 4.32 所示，串联起到分压作用，使感应高电压和关断过高压能均摊到每个 IGBT 两端，压敏电阻用于保护 IGBT，限制过电压水平，防止由于关断不同步而造成的高电压击穿 IGBT。每个 IGBT 两端并联一组 RC 缓冲电路（R 值为 1.1Ω，

C 值为 $0.05\mu F$）和 ZnO 压敏电阻。

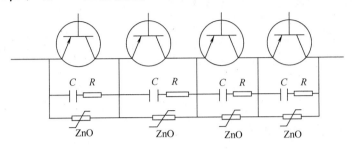

图 4.32　快速开关电气图

　　过电压保护单元采用高能压敏电阻，利用压敏电阻的非线性伏安特性来限制过电压水平并吸收超导绕组的磁能。

　　当系统有短路故障时，直流系统快速开关关断，其超导绕组两端产生高电压，过电压值被压敏电阻所钳制，该电压值是由所选压敏电阻的型号决定的，在本设计中，直流系统最高过电压水平为 6.3kV。

4.5.7　35kV 超导限流器直流系统动作特性测试

　　在系统有短路故障时，直流系统必须要在断路器动作之前，将直流励磁电流降为 0，使得交流绕组呈现出较大的阻抗，限制短路电流，从而保证断路器的安全断开。

　　针对普吉变电站的 35kV 超导限流电抗器，进行了人工短路试验，试验同时测量直流系统的直流励磁电流，374 断路器的开关状态量、交流绕组电流，验证电抗器直流系统的动作时序特性，以考核限流器在限制短路电流中的作用，直流系统的动作特性试验接线图如图 4.33 所示。

　　人工短路的接地点位于 375 断路器与 3751 隔离开关之间，通过接地引下线制造永久短路故障。在控制保护室内，使用 Genesis 数字波形记录仪测量直流系统的电流电压以及交流线路的短路故障时的电流电压。

　　当短路故障发生时，直流励磁电流在经过约 20ms 由稳态运行时的额定值 150A 降为 0，断路器的遮断短路电流的动作时间整定值为 0.1s，因此限流器直流系统的动作时间满足了断路器断开的时间要求，如图 4.34 所示。当超导限流器的控制检测单元检测到线路中无短路电流（断路器已安全断开，或者短路故障消失），直流励磁系统开始重新励磁，充电时间约为 800ms，如图 4.35 所示，由于断路器的重合闸时间整定值为 1s，因此，又满足了在断路器重合闸之前超导绕组的充电电流已达到额定值的要求。

　　此次短路试验的工况是 374 断路器带有自动重合闸功能，通过接地引线制造的短路故障持续存在，限流电抗器的直流励磁电流、电压与 374 断路器在整

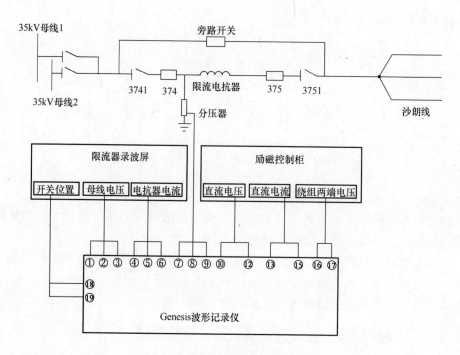

图4.33　短路试验时的测量接线图

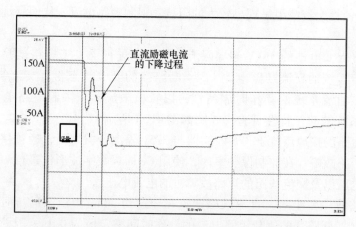

图4.34　直流励磁电流变化的细节图（由额定电流值降为0）

个短路故障开始、374断路器断开、一次重合闸、再断开的动作配合时序图如图4.36所示。

由图4.36可见，当短路故障发生时，首先是直流励磁电流在20ms内降为0，使限流器呈现高阻抗，然后374断路器断开，直流励磁电流开始给超导绕组充电，约800ms励磁电流充到额定值，此时断路器重合闸，由于制造的接地短路故障持续存在，直流励磁电流又立刻降为零使限流器呈现高阻抗，374断路器

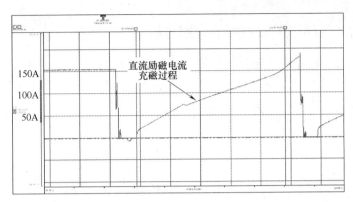

图 4.35　直流励磁电流的变化细节图（由 0 变为额定值的充电过程）

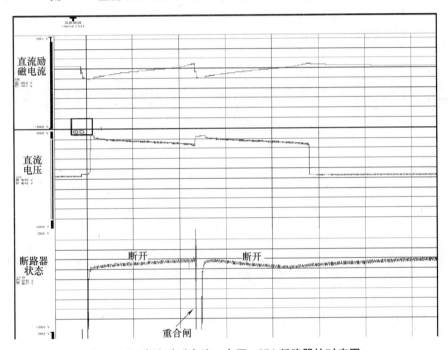

图 4.36　直流励磁电流、电压、374 断路器的时序图

重合闸未成功，状态转为持续断开，此时，直流励磁电流开始上升，800ms 达到额定值，使限流器呈现低阻抗状态。直流励磁电流由 0 充至额定值的时间小于重合闸的时间，因此，直流电源的充电电压值比稳态运行时高很多（稳定运行时，直流电压为 5V），必须将直流电压提高到 1000V 才能满足在 800ms 内充电完成的时间要求，因此，在直流电压是在充电时呈现高压，而稳定运行时只有几伏的低压。

此项试验验证了限流电抗器直流控制系统在电网短路及重合闸时动作配合及控制逻辑的正确性。

4.5.8　35kV 超导限流器限流效果分析

本次人工接地短路首先在限流器不接入系统时进行试验，然后将限流器接入系统再次进行试验。通过测试短路电流的大小，考核限流器的限流效果，使用录波仪测试 CT 二次侧来测量短路电流大小。

工况一：超导限流器不接入系统时的三相对地短路试验。

工况二：超导限流器接入系统，374 断路器带自动重合闸时的三相对地短路试验。

由表 4.2 的短路电流有效值的数据对比可以看出，在接入超导限流电抗器条件下的短路电流要比未接入限流器下降约 20%，限流效果良好。另一方面，374 重合闸时的限流效果与合闸到跳闸时的一致，这也间接的验证了限流器直流系统动作的正确性。

表 4.2　限流器限流效果对比

	有效值/A		
	I_a	I_b	I_c
工况一（限流器未接入）	69.6	56.5	45.6
工况二（限流器接入）374 由合闸到跳闸	60.7	45.3	41.6
工况二（限流器接入）374 由重合闸到跳闸	60.7	45.3	40.2

4.6　饱和铁心型超导限流器并网运行案例

4.6.1　案例背景

在 35kV/90MVA 超导限流器成功研制及并网运行的基础上，天津百利机电控股集团有限公司与北京云电英纳超导电缆有限公司再次牵手，并联合天津市电力公司，共同开发研制 220kV 饱和铁心型高温超导限流器。该项目以国内电力系统的实际需求为基础，立足于国内超导业的现有技术资源，研究吸收国际先进的 SFCL 相关技术，采用理论计算与试验研究相结合的方法，在输电网用饱和铁心型 SFCL 的设计、制造、并网运行方面达到世界领先，通过挂网试运行，验证超导限流器的可靠性及限制短路电流能力。

经对天津电力系统现状综合分析计算，确定超导限流器安装于石各庄 220kV 变电站。石各庄 220kV 变电站位于天津市武清区石各庄镇敖嘴村南侧，石各庄公路的北侧。超导限流器及其配电装置接入石各庄至大孟庄 220kV 线路，安装于石各庄 220kV 变电站一期予留的#4 主变压器处，220kV 配电装置占用 220kV#3、#4 主变受总间隔。

220kV/800A 超导限流器接入电网方式如图 4.37 所示。

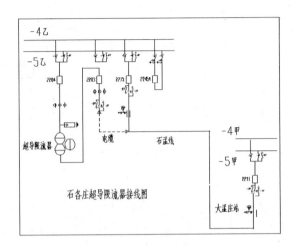

图 4.37　石各庄超导限流器接线图

2012 年上半年，根据现场安装测试过程中出现的问题，对 220kV 饱和铁心型超导限流器进行了后续的维护和完善，并再次进行了现场交接验收测试，限流器达到了设计和挂网电气设备的要求。此后，该设备进行了近三个月的非并网空载试运行，此举进一步检测了设备各方面性能的稳定性。正式挂网运行前，技术人员还进行了线路开关和继电保护信号调试等工作，有力地保证了设备挂网后的稳定运行。

2012 年 10 月 29 日晚 8 时，在天津市电力公司调度中心的统一指挥下，经过一系列相关区域送电线路、断路器和刀开关倒换作业，完成了超导限流器的挂网通电的最后线路准备。20 时 25 分，石各庄变电站运行人员操作开关，试冲超导限流器，经过三次电压冲击检验，于 21 点 220kV 超导限流器正式并网运行，经测试各项性能指标正常，运行状态良好。截止目前为止，220kV 超导限流器累计运行时间约 1 年半。该超导限流器的投运提高了石孟输电线路运行的安全稳定性。运行期间，220kV 超导限流器所在线路未发生短路故障，挂网时间达到 67 天，非挂网时间为 443 天。

对于 2014 年 1 月 10 日至 1 月 12 日超导限流器运行期间 3 天的运行数据进行分析。图 4.38 所示为电网电流曲线，70h 内，电网平均电流为 235A，电网电流变化与用户负荷大小有关。图 4.39 所示为杜瓦下限温度曲线，能够反映杜瓦液位变化情况，杜瓦补液周期为 40h，每次补液需要 1h 左右。图 4.40

为超导绕组直流电流情况，直流电流一直保持在 200A。

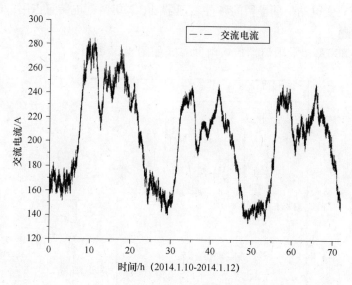

图 4.38　2014 年 1 月 10 日至 1 月 12 日 70h 运行电网电流曲线

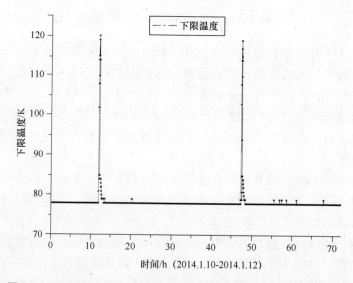

图 4.39　2014 年 1 月 10 日至 1 月 12 日 70h 运行杜瓦下限温度曲线

4.6.2　直流励磁系统运行

直流励磁系统包括 4 个屏柜，均安装在控制房内。直流励磁系统根据设定值输出直流电流。运行过程中，励磁控制器测量直流励磁电流的大小，并与设定纹波范围进行比较，一旦超过设定纹波范围，励磁控制器将切断直流电流，

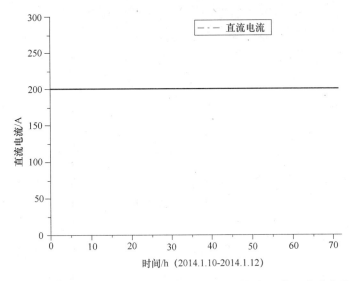

图 4.40　2014 年 1 月 10 日至 1 月 12 日 70h 运行超导绕组直流电流

同时向监控保护系统发出故障信号。在运行期间，直流励磁系统运行稳定，直流电流为 200A，未发生直流励磁跳闸事件。

2013 年，对直流励磁系统进行了改造，加装一套 UPS 备用电源设备，并通过了现场测试。加装 UPS 备用电源后，直流励磁系统能同时接收两路变电站提供的 380V 电源，任何一路电源失电，UPS 备用电源自动切换至另一路电源供电，同时直流励磁系统不受任何影响。加装 UPS 备用电源大大提高了直流励磁系统的稳定性以及超导限流器的安全可靠性。

4.6.3　低温系统运行

低温系统采用开式液氮低温系统，杜瓦内蒸发的液氮直接排放到空气中。一旦杜瓦液位低于设定值，电动补液阀打开，由液氮储槽向杜瓦中补充液氮至设定值。同时监测液氮储槽的液位，一旦低于 $3m^3$，通知液氮厂家补充液氮。杜瓦补液周期大约是 50h。储槽补液周期大约是 1.5 个月。在运行期间，低温系统运行稳定。

在运行期间，根据规程，多次对杜瓦进行了真空维护。杜瓦真空维护是为了提高杜瓦的绝热效果，确保杜瓦的稳定性。

4.7　本章小结

本章首先简要介绍了饱和铁心型超导限流器的发展现状与基本原理，之后通过对比较典型的 220kV 超导限流器的设计实例来分析饱和铁心型超导限流器的基本设计，包括电抗系统的设计、直流绕组线圈的设计和制冷系统的设计，比较完整地展现了饱和铁心型超导限流器各组件的设计过程。之后，本章对35kV超导限流器的设计实例进行了简要分析，进一步介绍饱和铁心型超导限流器的设计过程。此外，本章还介绍了饱和铁心型超导限流器的实际并网运行实例，对实际工程应用中的饱和铁心型超导限流器进行了简单的介绍。

参 考 文 献

[1] 邹立峰，周海，熊志全，等. 35kV超导限流电抗器的电网三相短路试验及其限流效果分析 [J]. 南方电网技术，2010，4（a01）：46-49.

[2] 陈树勇，宋书芳，李兰欣，等. 智能电网技术综述 [J]. 电网技术，2009，33（8）：2-7.

[3] 赵遵廉. 中国电网的发展与展望 [J]. 中国电力，2004，37（1）：6-11.

[4] 谢开，刘永奇，朱治中，等. 面向未来的智能电网 [J]. 中国电力，2008，41（6）：14-16.

[5] VERHAEGE T, LAUMOND Y. Fault Current Limiters [M]. Bristol：IOP Publishing，1998.

[6] YU Jiang, SHI Dongyuan, DUAN Xianzhong, et al. Comparison of Superconducting Fault Current Limiter in Power System [C] // IEEE Power Engineering Society Summer Meeting，2001，1：43-47

[7] 田铭兴，励庆孚，王曙鸿. 磁饱和式可控电抗器的等效物理模型及其数学模型 [J]. 电工技术学报，2002（4）：18-21.

[8] 周腊吾，徐勇，朱青，等. 新型可控电抗器的工作原理和选型分析 [J]. 变压器，2003，40（8）：1-5.

[9] 王长善，张卫星. 电力系统中的新型电抗器 [J]. 电气时代，2004（9）：136-138.

[10] 李民族，刘晓东，廖中伟，等. 调节电抗的新方法 [J]. 贵州工业大学学报，2002，31（3）：11-14.

[11] 牟宪民，王建颐，纪延超，等. 可控电抗器现状及其发展 [J]. 电气应用，2006，25（4）：1-4.

[12] 钟俊涛，安振，章海庭. 超高压可控并联电抗器的研发及制造 [J]. 电力设备，2006，7（12）：7-10.

[13] 信赢，龚伟志，高永全，等. 35V/90MVA挂网运行超导限流器结构与性能介绍 [J]，稀有金属材料与工程，2007，36（3）：1-6.

[14] 王海珍，牛潇晔，张利峰，等. 220kV饱和铁心型超导限流器的局部放电试验 [J]. 变压器，2014，51（4）：64-67.

[15] 张彦涛，秦晓辉，项祖涛，等. 饱和铁心型高温超导故障限流器仿真建模及短路特征研究 [J]. 电网技术，2014，38（6）：1562-1568.

[16] 张利锋，张栋，牛潇晔，等. 玻璃钢油箱在220kV超导限流器中的应用研究 [J]. 电气应用，2012（21）：80-83.

[17] 秦玥，顾洁，金之俭，等. 电阻型超导限流器对电力系统暂态稳定的影响分析 [J]. 华

东电力，2013，41（5）：1031-1036.

[18] 彭俊臻，张明，宋萌，等. 饱和铁芯型超导限流器对电力系统暂态稳定的影响 [J]. 低温物理学报，2013，35（4）：307-312.

[19] 世界首台 220kV 超导限流器成功挂网运行 [J]. 电力电容器与无功补偿，2013（4）：45-45.

[20] 张晚英，周辉，胡雪峰，等. 新型饱和铁芯高温超导限流器的实验研究 [J]. 中国电机工程学报，2015，35（2）：494-501.

[21] 王海珍，牛潇晔，张利峰，等. 220kV 饱和铁芯型超导限流器绝缘设计 [J]. 云南电力技术，2014（6）：8-11.

[22] 王海珍，洪辉，张敬因，等. 饱和铁芯型超导限流器的高温超导绕组绝缘 [J]. 云南电力技术，2015（3）：83-87.

[23] 王海珍，牛潇晔，张利峰，等. 2014 年云南电力技术论坛论文集 [C]. 昆明：云南科技出版社，2014.

[24] 何熠，吴爱国，信赢. 饱和铁心型超导限流器故障电流快速模式识别 [J]. 电工技术学报，2009，24（1）：81-87.

[25] 陈丽萍，余欣梅，钟杰峰，等. 500kV 超导限流器在广东电网应用选点研究 [J]. 电网与清洁能源，2013，29（8）：48-53.

[26] 张栋，刘东升，程从明. 超导限流器在电网中的应用 [J]. 变压器，2011，48（6）：20-22.

[27] 王付胜，刘小宁. 饱和铁芯型高温超导故障限流器数学模型的分析与参数设计 [J]. 中国电机工程学报，2003，23（8）：135-139.

[28] 任丽，唐跃进，陈磊，等. 超导限流器的性能检测方法研究 [J]. 低温与超导，2008，36（1）：24-28.

[29] 夏毅. 超导限流器对电力系统运行的影响分析 [D]. 北京：中国电力科学研究院，2007.

[30] 夏毅，刘建明. 超导限流器对电力系统继电保护和暂态稳定的影响 [J]. 电工电能新技术，2007，26（2）：45-58.

第 5 章

电阻型超导限流器设计分析

5.1 电阻型超导限流器基本工作原理

《智能电网技术》[1]中将超导限流器作为超导电力应用的重点内容进行介绍。其中提及目前世界上已有多种超导限流器产品,其中多数为电阻型,主要是由于电阻型限流器结构最为简单、设计较为紧凑、产品体积小、重量轻[1]。超导限流器在电力系统中的作用是明显的,但就目前技术水平而言尚限于中低压电网中使用。从应用角度看,超导限流器目前还没有被大规模商业推广,仅仅处于挂网试运行阶段。由于超导块材工艺复杂、制作周期长、成本高,目前各国已经把研究重点转移至利用超导带材制备的超导限流器中。

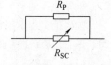

图 5.1 电阻型超导限流器结构示意图

电阻型超导限流器结构如图 5.1 所示。R_{SC} 为超导限流器的超导部分,R_P 是与超导部分并联的分流电阻,其主要功能是防止短路过程中超导体过电流烧毁。当系统正常运行时,超导部分处于超导态,R_{SC} 为 0,电流几乎全部从超导部分流过;当系统发生短路故障时,系统电流超过超导材料临界电流值,造成超导材料失超产生电阻,实现限流效果,且随着短路的深入、超导部分等效电阻逐渐增大,系统电流越来越多地转向分流电阻,从而实现分流电阻对超导部分的保护[2]。系统短路故障切除后,由于制冷媒介的散热,超导部分温度逐渐下降,直至恢复全超导态,为下一次短路做好准备。

德国 Siemens 与加拿大 Hydro-Quebec 合作,于 1999 年研制出了第一台 0.77kV/135A 三相电阻型超导限流器[3],并在此基础上于 2000 年完成了 8kV/1MVA 的超导限流器的研发[4-5]。由于电阻型限流器无需保护控制系统,完全依靠超导材料的自身物理特性实现限流,其结构简单且可模块化扩展,随着二代高温超导带材制备工艺的不断提高和材料成本的快速下降,近年来电阻型超导限流器已成为研究热点,国际上有多项限流器示范项目采取该技术路线。

本章节中将以上海交通大学 2014 年挂网运行的 10kV/70A 电阻型超导限流器为例阐述电阻型超导限流器的具体设计流程[6]。在此基础之上，将对 ECCO-FLOW 项目[7]、意大利电网[8]、上海市电网中实际运行的超导限流器案例做介绍。

5.2　国内外电阻型超导限流器研究现状分析

5.2.1　近十年电阻型超导限流器挂网案例综述

近年来，全球范围内有多台基于高温超导带材的超导限流器已完成或正在进行现场试验，且多家科研机构尝试将超导限流器应用至多端直流输电[9]、船载/机载电力系统[10]中去，突破的超导限流器仅能用于传统交流电力系统的条件限制。

表5.1　近十年挂网的电阻型超导限流器统计[11-28]

时　间	限流器类型	研发者/国家	电压等级
2005	三相电阻性	CESI RICERCA/意大利	3.2kV/220A
2007	单相电阻型	Siemens&AMSC/美国	7.5kV/300A
2007	单相电阻型	Hyundai&AMSC/韩国	13.2kV/630A
2008	三相电阻型	Toshiba/日本	6.6kV/72A
2009	三相电阻型	Nexans&ASL/英国	11kV/100A
2009	三相电阻型	Nexans/德国	11kV/800A
2009	三相混合型	KEPRI&LS/韩国	22.9kV/630A
2010	三相电阻型	KEPRI/韩国	22.9kV/3kA
2011	三相电阻型	RSE/意大利	9kV/1kA
2011	三相电阻型	AMSC&Nexans&Siemens/美国	138kV/900A
2011	三相电阻型	Ricerca/意大利	9kV/15.6MVA
2012	单相电阻型	AMSC&Siemens/美国	66kV/1.2kA
2012	三相电阻型	Nexans&Vattenfall/德国	12kV/560A
2012	三相电阻型	Nexans/欧洲	24kV/1005A
2014	三相电阻型	Nexans/欧洲	12kV/2300A
2014	单相电阻型	SJTU/中国	10kV/70A

2010 年 1 月欧洲各国联合启动了 ECCOFLOW 项目，该项目由 Nexans 与欧

洲的 15 个成员参与，研制出了世界上首台使用第二代 YBCO 高温超导带材并适用于安装在欧洲电网两处不同位置的多用途的三相电阻型高温超导限流器；2011 年，由 Nexans、德国 Siemens 和美国 AMSC 公司共同研发的 138kV/900A 的三相电阻型 SFCL，完成了其电磁相关参数测试，为挂网试验做准备；自 2013 年起，Nexans 参与了"AmpaCity 项目" 12kV 超导限流器部分的设计，其生产的超导限流器已于 2014 年 4 月正式挂网运行；此外 Nexans 继续坚持其制备兆瓦级高温超导限流器的生产路线，近两年先后制备了两台 10kV 超导限流器并通过了型式试验，目前最大容量的超导限流器已经达到 12kV/2300 A，预计将有两台容量分别为 12kV/1600A、12kV/1050A 的超导限流器应用到英国电网（WPD-FLEXDGRID 项目）。除此之外欧洲其他机构、美国、日本、韩国、中国均致力于将面向电力系统需求的电阻型超导限流器研制中。表 5.1 是对近十年来利用超导带材制作的电阻型超导限流器样机[11-29]的不完全统计。本章节将从中选取具有代表性的多个挂网案例进行介绍，其中重点将介绍上海交通大学制备的应用于 10kV 交流配电网的电阻型超导限流器以及 4kV 直流超导限流器。

5.2.2 电阻型超导限流器行业测试标准

超导限流器作为全新的电力器件，目前国内外对其电力系统准入性试验流程尚无统一标准。虽然近 10 年国际范围内有多台超导限流器在电力系统中进行短期示范试验或长期挂网运行。但由于超导限流器种类繁多，且设备工作环境特殊、复杂，目前超导限流器领域尚无通用的测试标准。与限流器实验室内低压大功率测试项目不同，本小节将基于 Nexans 公司生产的 10kV 应用于英国电网的超导限流器的相关测试报告、电力电抗器国家标准、低温压力容器国家标准等现行标准及测试经验。提出面向电气绝缘、低温机械、超导特性等方面的超导限流器型式实验序列。

该型式实验序列包括外观检查、设备整机电阻测定、设备液氮损耗量测定、设备绝缘电阻测定、工频耐压试验[30]、雷电冲击试验[31]（根据适用电压等级）、短时冲击电流耐受试验、长时间额定电流耐受试验等。试验中能够影响超导限流器性能的任何外部零件和附件均应安装于指定位置。除绝缘试验以外的所有特性试验，均以额定参数为准。由于超导限流器工作环境涉及低温机械等学科，具体试验方法将在传统试验标准下稍做改进，改进后各试验测试项如下。

1. 设备外观检查

针对组装完成的超导限流器外观进行检查。保证限流器整体外观无损坏，各连接处安全可靠，确保低温杜瓦灌冲液氮后无漏液情况，且杜瓦真空度、液位无异常。

2. 设备整机电阻测定

分别针对超导限流器常温状态及液氮灌冲后整机电阻进行测定，经过多次测量取平均值进行记录。其中液氮灌冲完成后需静置 1h 后再进行电阻测定。现场交接试验的测量结果需实验室内预标定值相比较，如有发生偏差，则说明限流器内部在运输过程中可能存在连接松动或者带材损坏。

3. 设备液氮损耗量测定

超导限流装置液氮灌冲完毕后，静置 1h 待设备工作环境稳定后，进行液氮损耗测量。损耗测量应在额定电流下进行，损耗测量持续时间不小于 120h，通过定期对限流器液位进行记录给出限流器平均液氮损耗量。

4. 设备绝缘电阻测定

利用 2.5kV 绝缘电阻表针对灌冲液氮前后超导限流器对地绝缘电阻值进行测试。若测试结果小于 500MΩ 则表明系统内部绝缘存在异常，需进行吊芯检查。

5. 工频耐压试验

工频耐压试验电压应符合相关国家标准：10kV 交流限流器按照对应等级变压器套管的工频耐受电压测试标准，将其有效值设置为 30kV；4kV 直流限流器由于电压等级较低，考虑一定裕度后，将其工频耐受电压试验有效值设定为 12kV。工频试验电压应加在设备套管与地之间，设备外壳等均相连并接地。试验电压频率为 50Hz，试验电压施加时间为 60s，反复进行 3 次。

6. 雷电冲击试验

雷电冲击试验电压应符合相关国家标准，其试验波应是标准雷电冲击全波：$1.2 \pm 30\% / 50 \pm 20\% \,\mu s$，试验电压一般采用负极性。设备的试验顺序为：先在全电压的 50% 和 75% 之间进行一次校验性的冲击，然后进行 3 次全电压冲击。针对 10kV 交流限流器，其雷电冲击耐受电压按照对应电压等级串联电抗器国家标准进行选择，峰值确定为 75kV；而直流限流器由于其应用于独立电力系统，且额定电压仅为 4kV，故未对其进行雷电冲击试验。

7. 长时间额定电流耐受试验

根据超导限流器对应系统额定电流需求，对其进行长时间通流试验，确保通流过程中系统电压不随通流时间变化，且系统各组件无明显温度上升。

8. 短时冲击电流耐受试验

针对 10kV 交流超导限流器，需按照其对应电流系统短路水平进行一次短时电流耐受试验，验证限流器的动热稳定性。短路电流峰值设定为 7kA，参照 Nexans 公司生产的超导限流器在英国电网前的型式试验报告，将其短时电流时间设定为 100ms；针对直流限流器，由于其目标电网短路水平过大，故将该试验简化为针对其单一模块的测试，根据其对应短路要求，将其短路电流峰值设定为 8kA，短路时间设置为 20ms。

基于以上超导限流器型式实验测试序列，针对交、直流超导限流器分别进行测定，其相关技术参数指标分别记录于附表 1 及附表 2。

5.3 高温超导材料选型

5.3.1 高温超导材料电工参数测定

超导材料与常规电工材料特性具有较大差别，超导材料在实际应用前需要针对其特殊特性进行测量，这些特性包括：临界电流[32]、n 值[33]、材料电阻随温度变化曲线（非超导态下）、带材交流损耗[34]等。由于超导带材在磁场下的临界电流及传输特性已在前面章节中进行了介绍，这里将只对阻型限流器设计中所需要的特殊指标的测试进行介绍。

1. 背景磁场下，临界电流、n 值

常规的临界电流以及 n 值为常规测量[35]，在前面的章节中已经进行了介绍，而作为直接串入电力系统中的设备，应用到电阻型超导限流器的超导带材需要更加全面的标定。超导材料在限流器正常运行时，临界参数将受到外部磁场的影响[36]，因此在设计应用前，需要针对高温超导带材在不同外加磁场下的特性进行测量。图 5.2 为由上海超导科技股份公司生产的带材临界电流测试曲线以及临界电流随外加磁场及角度依赖性曲线[37]。

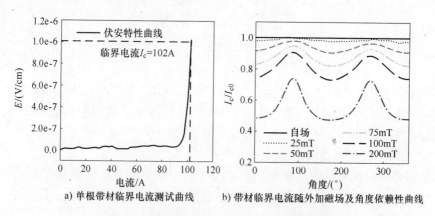

a) 单根带材临界电流测试曲线　　b) 带材临界电流随外加磁场及角度依赖性曲线

图 5.2　超导带材临界特性测试典型数据图

2. 材料电阻随温度变化曲线

由于电阻型超导限流器在系统短路过程中，超导材料因处于失超状态而显示出电阻特性，其产生电阻的能力将直接影响超导限流器的限流能力，超导材料在失超情况下的电阻将主要取决于带材的稳定层材料。该测试将基于一套可控温度平台，通过制冷设备实现临界温度至室温温度的精确控制，并通过传统四线法针对带材的电阻值进行标定。

5.3.2　高温超导材料过电流失超特性研究

超导电力设备处于额定工作状态时，由于超导材料电流、温度等参数均低于临界值，材料处于超导态；而当系统发生短路故障时，流经超导材料电流超过临界电流值，且随即导致材料温度超过临界值，超导材料失去超导状态。超导材料由于过电流而失去超导特性的过程被称为过电流失超[38]。自二代高温超导面世以来，针对其过电流失超特性的研究一直是超导特性研究领域的热点。现有研究主要围绕超导材料失超响应时间、电流限制能力、极限耐受电压、恢复时间[39-40]等参量展开。

本小节将根据实际电力系统的需求，从实验测试系统、测量方法、数据后处理等角度针对二代高温超导带材在交流系统中的过电流失超特性进行研究。首先对不同频率下，超导带材失超响应时间及电流限制能力进行实验测量，并利用统计以及仿真计算的方法对实验过程中所遇到的相位偏移现象进行分析；此后利用工频短路测试系统对待测超导带材进行一系列短路冲击实验、通过短路前后超导性能比对，辅以相关仿真模型计算结果，综合给出超导带材在工频环境下极限耐受电压值；最后利用多种监测手段对超导带材过电流失超恢复时间进行测算，并对不同类型带材给出恢复时间近似公式。

1. 过电流失超响应时间

超导带材过电流失超响应时间是指超导带材由超导态转变为正常态所需时间，可以通过对不同电流频率、幅值下超导带材过电流失超特性进行监测，获取失超响应时间与电流频率、幅值之间的关系，并针对实验过程中所出现的电压、电流相位偏移现象进行分析。

本小节中将以美国超导公司（AMSC）超导带材为例对过电流失超时间的测试进行描述，样品基本参数见表 5.2。

表 5.2　超导带材各层材料及尺寸参数

生产厂家	AMSC
临界电流/A	102@77K
n 值	25
带材长度/cm	10
带材截面尺寸/mm^2	4.7×0.28
稳定层电阻@300K/(mΩ/m)	200
稳定层电阻@77K/(mΩ/m)	33

超导试样在各不同交流冲击电流下的失超响应特性测试可通过如图 5.3 所

示电流源型交流过电流失超实验平台。该平台由一台大功率交流电流源、波形发生器、交流互感器、示波器以及待测超导带材组成，其中该波形发生器与大功率交流电流源组成主-从结构电源，由波形发生器发出用户自定义的数字波形信号，通过通信线将信号传送至交流电流源，交流电流源根据此信号产生对应频率、幅值、持续时间的交流电流。

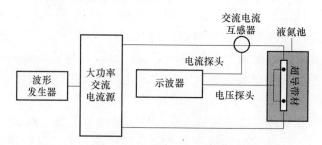

图5.3　用户自定义交流过电流失超实验平台结构图

实际测试中，当冲击电流小于其临界电流时，由于超导材料的"零电阻效应"，示波器所测电压波形中大部分为感性电压分量，电压与电流之间存在近似90°相位差；而随着电流幅值的增加，超导材料由超导态转变为临界态或正常态，其电阻迅速增长，阻性电压在整体电压中的比例也逐渐增大。为区分测量电压中阻性、感性分量，实际实验中，需首先进行一组低于临界电流的通流实验，通过该组实验数据计算出超导带材的电感参数，以此作为其他各组过电流失超实验电压波形补偿的依据。完成电感参数标定实验后，按照顺序改变测试平台电流频率、幅值等参数，分别完成对应条件下超导带材过电流失超实验。由于目前国内外常用交流电力系统频率主要分为50Hz、60Hz两类，考虑电力系统二次、三次谐波后，实验中电流频率建议使用以上频率以及其谐波频率。实验中为防止出现由于超导带材烧毁而更换试样的情况，可考虑对短路持续时间进行了控制。

按照如上实验流程，针对 AMSC 带材，首先将系统起始电流设定为100A，并以50A为步长逐步增加电流幅值，同等电流幅值情况下，按照频率由高至低进行通流实验，直至超导带材发生烧毁。而实验中，我们取电流峰值为100A时所获得的实验数据作为其他过电流实验数据的感性电压补偿基准。

AMSC 带材的典型过电流失超响应波形如图5.4所示。图5.4为电流幅值设置为150A，频率分别为180Hz、50Hz时，超导带材两端电压曲线电压补偿前后波形对比。从图5.4a可知，由于电流幅值较低、电流频率较高，该电压曲线明显包含感性及阻性两种分量，且感性分量值占较大比例；从图5.4b可知，随着电流频率的下降，超导带材感性分量在电压波形中占有的比例明显下降。

完成实验数据感性分量补偿操作后，对超导带材过电流失超特性的两大重

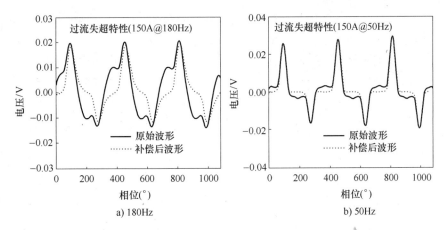

图 5.4 感性电压补偿前后超导带材两端电压波形

要参量：响应时间、第一波峰电压（产生电阻能力）进行特征量提取。当冲击电流为 100A 时，如图 5.5a 所示，电压与电流之间存在 90°的相位差，这主要是由于此时系统电流小于临界电流，超导带材电感分量远大于电阻分量，且由于电感分量的存在，超导带材两端电压随频率的增加而增加；如图 5.5b ~ d 所示，当电流增加至临界电流以上后，带材两端电压将明显增加，其中超导电阻分量逐渐占据主导地位，其电压、电流也恢复至接近同相位，在同一电流幅值情况下，随着频率的增加，超导带材过电流时间减少，因此过电流过程中热量累积量减少，带材温度上升梯度变小，体现在宏观参数上即为超导带材等效电阻、两端电压随着频率增加而减小。

对图 5.5 中各波形对应响应时间、第一波峰电压值进行提取，将其与系统电流参数之间的关系绘制成图 5.6。如图 5.6a 所示，超导带材的响应时间随电流频率、电流幅值的增加而减小，且由图 5.5 可知，如将响应时间换算成相位，在同一电流幅值下超导带材响应相位并不随频率的变化而变化，这也就说明超导带材响应时间仅与电流幅值有关；如图 5.6b 所示，超导带材第一波峰电压值随电流增加而增加，当电流升高至 250A 时，其第一波峰电压达到了约 20V/m，折合成电阻后约为 80mΩ/m，根据 电阻温度比对表可知其对应温度达 140K，同样由图 5.6b 可知，第一波峰电压随电流频率增加而减少，这个现象主要是由于随着频率的增加，第一个半波内热量累积时间减小，且在发热量大于散热量的情况下，频率越高，带材整体温度上升值越小，故第一波峰电压呈下降趋势。

2. 极限耐受电压

超导带材极限耐受电压[41]是指超导带材在外加电流冲击下单位长度所能承受的不造成性能折损的电压最大值。可通过对待测样品进行不同能量大小的短路冲击试验进行测算，并同时辅以数值模型对折损原理进行探究。

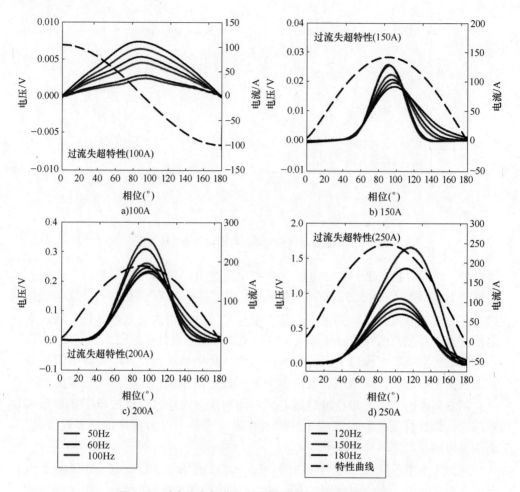

图 5.5　过电流失超首个半波超导带材电流、电压波形

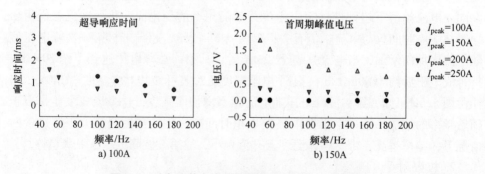

图 5.6　过电流首个半周期超导带材电流、电压波形

本小节中使用的超导带材样品分别为 AMSC、SSTC 带材，样品基本参数见表 5.3。为模拟现实电力系统环境，极限耐受电压的测试实验一般基于大功率交

流电压源进行，图 5.7 为一基于大功率降压变压器的电压源型交流短路测试系统。

表 5.3　超导带材各层材料及尺寸参数

	样品#1	样品#2
带材生产厂家	AMSC	SSTC
临界电流/A	250	220
n 值	25	21
带材长度/cm	28.4	28.7
带材截面尺寸/mm²	12×0.24	10×0.20
稳定层材料	Cu	Cu

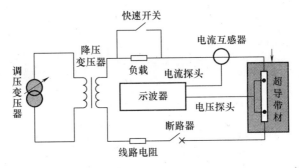

图 5.7　用户自定义交流短路冲击实验平台结构图

　　系统电源部分由两级变压器组成，降压变压器电压比为 220V/40V，通过调节调压变压器二次侧输出电压，实现电源电压的自定义控制；测试回路包括线路电阻、负载、电流互感器、快速开关、断路器、超导试样等，其中快速开关经由上位机程序控制，以实现指定时长的短路过程；此外本测试系统数据采集部分由高精度示波器完成。考虑到系统连接排、接触点、快速开关导通电阻等参数的影响，在实验开始前对测试系统进行参数标定，该系统线路电阻为 27mΩ。此外根据超导电力设备应用场合需求，极限耐受电压测试需要考虑不同的短路时长，本测试中系统短路最长时间为 180ms，降压变压器二次侧电压从 10V 开始，以 5V 为步长增加电压，各个电压幅值下分别进行不同时间长度的短路冲击实验，直至超导带材在系统短路中发生烧毁。

　　使用图 5.7 所示系统实验平台分别对表 5.3 中超导试样分别进行短路冲击实验。实验过程中，两类试样分别在机端电压加载至 30V/100ms、20V/160ms 时发生烧毁，烧毁时刻带材两端电压波形如图 5.8 所示。为更好地研究带材烧毁与带材承受电压之间的关系，对各次实验结果中最高电压峰值进行提取，特征参数见表 5.4。

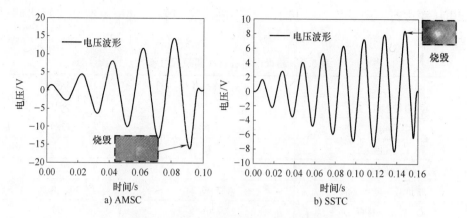

图 5.8　超导带材烧毁时刻短路电压波形图

表 5.4　不同短路条件下超导带材上的电压峰值

机端电压 短路时间/ms	40	60	80	100	120	140	160	180
AMSC 带材								
10V	0.45	0.52	0.61	0.69	0.75	0.81	0.85	
20V	2.34	2.97	3.22	4.48	5.74	5.67	6.95	
25V	4.23	5.24	7.41	9.16	10.87	11.5	13.58	
30V	5.64	8.80	14.00	15.43				
SSTC 带材								
10V	0.54	0.75	0.94	0.99	1.03	1.15	1.26	1.38
20V	3.56	4.85	5.43	6.48	7.43	7.82	8.54	8.16

　　由表 5.4 可知，样品 1、2 在极限耐受电压这一特征参数上存在较大差异。其中样品 1 极限耐受电压约为 14.00V，标幺化后为 49.30V/m；而样品 2 极限耐受电压为 8.54V，标幺化后为 29.80V/m。将以上表格中超导带材过电流失超电压峰值与过电流持续时间、机端电压有效值之间的关系绘制为如图 5.9 所示三维曲面，并将此曲面作为典型特征量进行记录，实际应用中，当给定机端电压、短路持续时间在曲面中对应超导带材电压大于极限耐受电压时，则表明该短路中超导带材极有可能发生折损甚至烧毁；而如果在曲面中对应超导带材电压小于极限耐受电压，则表示超导带材可以承受此设定下的短路冲击，且其性能不会发生折损。

　　3. 失超恢复时间

　　超导带材失超恢复时间[42-43]为超导经受过电流失超冲击后，超导带材由失超状态恢复至超导态所需的时间。而衡量超导材料是否回归超导态的参数有很多，如电阻率、温度以及表面气泡生成情况等。其中电阻率、温度可直接由传

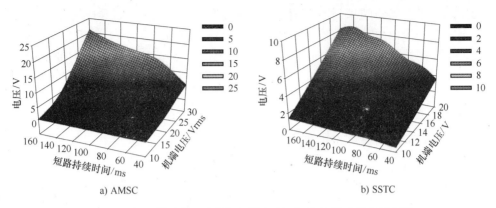

a) AMSC

b) SSTC

图 5.9　超导带材电压峰值与机端电压、短路持续时间关系曲面

感器采集获得，属于直接测量方式；表面气泡生成情况可利用高速图像监控系统进行追踪，属于间接测量方式。本节中首先分别介绍基于以上三种变量的超导带材恢复时间测试方法，通过控制超导材料短路失超能量来获得一系列的待测试恢复时间量，利用三个测试系统同时对恢复过程进行监测。通过对实验数据的分析比较三类测试手法的优缺点，并根据实际应用场合选择适合的测试方法。

恢复时间测试可选用图 5.7 所示交流短路实验平台，但在开关逻辑控制上考虑到监测对象的不同进行了细微调整，其快速开关控制时序见表 5.5。第Ⅰ阶段处于系统空闲状态，即系统开路状态，此时系统无电流通过；第Ⅱ阶段断路器闭合，系统处于带载工作状态；第Ⅲ阶段系统快速开关闭合，系统处于短路状态，此状态持续时间在本小节中设定为 100ms；第Ⅳ阶段快速开关迅速断开，系统处于自恢复状态，此时系统中仍保有微小电流通过；第Ⅴ阶段，断路器断开，系统重新返回空闲状态。基于以上测试回路，分别针对温度、电阻率、表面气泡这三种评判标准进行数据采集系统搭建，将其对应的测试方法分别称为电测法、热测法、快速影像法[44]。

表 5.5　恢复时间测试系统开关时序

	Ⅰ	Ⅱ	Ⅲ	Ⅳ	Ⅴ
快速开关	Off	Off	On	Off	Off
断路器	Off	On	On	On	Off

1. 电测法

电测法中评判超导带材是否恢复超导态的指标参数为电阻率，由于超导材料的"零电阻效应"，其在额定通流阶段超导带材上几乎没有阻性压降，而当带材过电流失超时，超导带材显示明显的电阻特性，超导带材两端将有明显的压降产生；短路结束后，随着温度下降以及电流下降，超导电阻率再次减小至零。按照此原理，搭建如图5.10a所示的监测平台，平台围绕超导带材展开，主要测试仪器包括高精度示波器、放大器、高精度采集板卡。带材过电流失超全过程电压、电流波形均由示波器进行记录；恢复过程的电压由高精度数据采集系统监测，该采集系统将在系统短路结束后触发导通并进行数据采集。见表5.5中第Ⅳ阶段，短路结束后，系统中仍将持续流过一较小的电流，以便在带材两端产生供检测系统监测的电压信号，当其电压降低至某一标准阈值时（0.1mV/m），即认为其恢复为超导态。图5.10b为该测试方法所获取的超导带材过电流失超全过程电压波形，由图可知系统短路在1720ms结束，而带材两端电压下降至标准阈值时刻为3765ms，故针对图5.10b所述过电流失超过程其恢复时间可由公式（5-1）获得。

$$t_{\text{recovery}} - t_{\text{fault-end}} = 3765 - 1720 = 2045\,\text{ms} \tag{5-1}$$

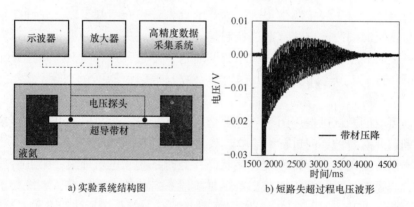

| a) 实验系统结构图 | b) 短路失超过程电压波形 |

图5.10 电测法测试平台

2. 热测法

热测法中评判超导带材是否恢复超导态的指标参数为温度，实验中超导样品处于液氮浴环境中，初始温度为77K，低于其临界温度；随着系统短路发生，短路电流在超导带材中产生大量热促使超导带材温度上升；而短路结束后，由于液氮持续散热，超导带材温度将重新回到77K。按照此原理搭建如图5.11a所示监测平台，该系统中采用的低温温度传感器为Lakeshore公司DT-670温度传感器[45]，其响应速度在77K时可达100ms；测试平台其他组成仪器包括高精度直流电压发生采集仪（Keithley-2400）、GPIB通信板卡，实验中利用Keithley-2400对温度传感器进行供电，并实时采集过电流失超过程中温度传感器两端电压。当温度传感器反馈电压重新恢复至77K对应电压时，则认定该带材已恢复超导态。图5.11b为超导带材过电流失超全过程中温度传感器反馈电压波形，由图可知系统短路在1720ms结束，而温度传感器反馈恢复至 77K 对应电压时刻为 3904ms，故针对 5.11b 所述过电流失超过程，其恢复时间可由公式（5-2）获得。

$$t_{\mathrm{recovery}} - t_{\mathrm{fault\text{-}end}} = 3904\mathrm{ms} - 1720\mathrm{ms} = 2184\mathrm{ms} \tag{5-2}$$

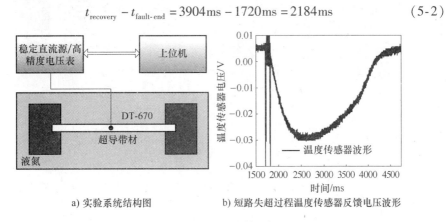

a) 实验系统结构图　　　　b) 短路失超过程温度传感器反馈电压波形

图 5.11　热测法测试平台

3. 快速影像法

以上几种测试方法分别选取温度、电流等可直接测量物理量作为超导带材恢复超导态的评判标准，而快速影像法则将超导带材过电流失超时外观物理现象作为监测对象。由于额定通流情况下超导带材本身几乎无热量产生，故超导带材几乎不存在与液氮浴的热量交换，即无气泡产生；当系统短路发生时，由于热量在超导带材上大量累积，使得带材表面温度上升，与此同时超导带材与液氮浴发生大量热量交换，带材周围液氮迅速汽化形成大量气泡；而短路结束后，由于带材温度仍然高于液氮温度，其与液氮的热交换过程一直存在直至其温度回归液氮温度，而此时带材表面也将停止产生气泡。基于以上原理搭建如图 5.12a 所示监测平台，该系统的核心组件为高速摄像机，实验过程中高速摄像机采用较高拍摄速率对带材过电流失超全过程进行监控。图 5.12b 为高速相机对超导带材过电流失超全过程的具体拍摄照片，通过对所有图片逐帧地分析，发现气泡产生发生在第 31 帧，而气泡消失发生在第 228 帧，考虑到本次短路持续时间为 100ms，以及高速相机每秒拍摄帧数（FPS）为 75，其恢复时间可由公式（5-3）获得。

$$\frac{N_{\mathrm{stop}} - N_{\mathrm{start}}}{FPS} - t_{\mathrm{fault\text{-}duration}} = \left(\frac{228-31}{75} - 0.1\right)\mathrm{s} = 2.527\mathrm{s} = 2527\mathrm{ms} \tag{5-3}$$

为比较上述三类测试方法的优缺点及可靠性，针对表 5.·3 所述 AMSC 带材进行一系列过电流失超恢复时间测试，本组实验中超导带材长度为 16cm，通过调节短路时间长度、机端电压等参量获取不同待测恢复时间量，直至带材烧毁。该组恢复时间实验测试结果见表 5.6。

由表 5.6 可知，三类测试方法中电测法、热测法实验结果较为接近，且均

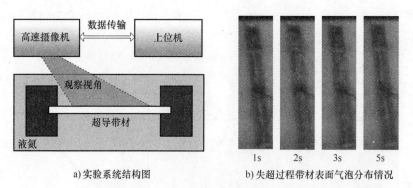

a)实验系统结构图　　　　b)失超过程带材表面气泡分布情况

图5.12　快速影像法测试平台

小于快速影像法测量结果。这主要是由于一方面当超导带材两端失超电压较小时，超导带材周围液氮散热能力足以带走所有热量，此时由于热量交换有气泡产生，但超导带材温度、电阻率等并未上升；另一方面，由于气泡产生、上升、破裂一系列物理过程需要在一定时间内完成，故当超导带材已恢复超导态时，前一时刻产生的气泡还未破裂消失，仍然存在于监控影像中。

表5.6　基于不同恢复时间测试方式的实验结果比对表[46]

带材电压峰值/(V/m)	是否折损	电测法/ms	热测法/ms	快速影像法/ms
3.39	No	0	0	360
5.96	No	30	0	600
6.46	No	180	284	540
7.88	No	480	640	940
22.25	No	1120	1127	1560
30.32	No	1862	1809	2340
33.94	No	2045	2184	2527
40.47	No	2763	2517	3100
46.44	No	3465	3227	3840
48.86	No	3602	3496	3900
53.40	No	3928	4048	4230
50.98	Yes	–	4180	4280

同样由上表中可知，当超导带材过电流峰值电压达到53.40V/m后，继续提高机端电压后，超导带材发生烧毁，带材烧毁后，由于系统断路电测法无法继续使用，而热测法、快速影像法依然可以获得相应恢复时间值。

通过以上分析可知，以上三种测试方法均可对超导带材过电流失超恢复时间进行测定。通过实验数据分析可知三种测试方法各有优缺点：电测法测试系统精确、响应速度快，但其信号易受外界干扰，且测试系统对于采集系统要求较高，不适合于电力系统场合使用；热测法测试系统简单，信号隔离性优，且由于低温光纤[47]技术的发展，使得其易扩展至高电压、强噪声场合，但由于温度传感器响应时间的存在，使得其对过电流失超过程中具体温度值无法准确测绘；快速影像法实验结果直观，其测试对象（气泡情况）对超导电力设备内绝缘存在直接影响，且由于其为非接触测量，该方法适用于含超导设备的电力系统，但由于高速相机的存在，快速影像法是这三种方法中成本投入最高的。

5.4　电阻型超导限流器的模块化设计

由于电阻型超导限流器自身的特点，其实际运行过程中将直接承受大容量短路冲击，故电阻型超导限流器相较于同等容量其他超导限流器在带材用量上会偏多。考虑限流器整机装配、集成、以及故障维修定位，一般电阻型超导限流器将基于尺寸更小的模块化限流单元进行设计。通过模块化单元的集成以获得大容量超导限流器。本小节将对模块化限流单元的拓扑结构及相关尺寸参数进行介绍。

5.4.1　模块化限流单元结构拓扑设计

模块化限流单元的结构将直接影响到限流器整机的外形尺寸、散热、扩展难易程度等。目前国内外已研制成功的典型电阻型超导限流器模块化单元结构如图 5.13 所示。

图 5.13 中所示三种超导限流单元均基于二代高温超导带材。图 5.13a 为AMSC 公司设计的太极型无感线圈限流单元[48]，该设计在单元模块中心完成导线电流换向，从而使得相邻带材电流流向相反，以实现其线圈无电感的设计目标。图 5.13b 为 Nexans 公司为欧洲 ECCOFLOW 项目设计的多根并绕线圈限流单元[49]，该设计在线圈中心利用支撑铜排进行不同单元间的串并联，大大增加限流器内部空间利用率。图 5.13c 为 SuperPower 公司设计的栅版型超导限流单元，超导带材在该设计中以长直导线形式存在，带材之间利用铜排进行连接，限流单元之间利用输入、输出铜排进行串、并联。

由于二代高温超导带材受机械性能[50]、各向临界应力的限制[51]。当材料的弯曲半径超过最小弯曲半径时，将会导致超导带材发生不可逆转的损坏。使用类似图 5.13a 和 b 结构时，在设计过程中必须考量带材初始应力对超导带材性能的影响，而且复杂线圈绕制工艺往往需要较多的实际经验积累以及硬件成本。使用类似 5.13c 结构时，虽然由于缺少外部支撑，单根带材会在系统短路过程因电动力而产生较大形变，但通过优化带材间距以及增加辅助支撑等手段，可将带材形变量控制在可接受范围内，虽然该类设计中引入了超导接头，但根据相关研究，当接

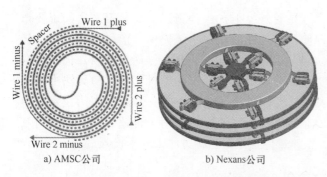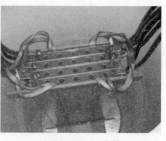

a) AMSC公司   b) Nexans公司   c) SuperPower公司

图 5.13 典型电阻型 SFCL 模块

触电阻小于一定值时，其对超导带材过电流失超均一性基本无影响。本小节将以带材无弯曲的模块设计方案为例介绍超导限流模块的电磁优化步骤。

在带材无弯曲的前提下，如图 5.14 所示圆桶型模块以及栅板型模块均可使用。相较于栅板型结构，圆桶型结构中超导带材分布更加分散、对称，且由于带材空间距离较大，相互影响也较小。但由于圆桶中心无法放置带材，使得该结构整体空间使用率较低。栅板型结构中超导带材沿电流传输方向排布较为对称，且带材紧密排布，空间利用率较高。但由于带材间距较小，使得设计过程中必须考虑带材之间的相互影响。

a) 圆桶型结构   b) 栅板型结构

图 5.14 带材无弯曲超导限流模块结构图

5.4.2 电气尺寸综合优化设计

由于超导限流器的容量以及场地尺寸限制，限流单元最终采用栅板型结构。为减小带材之间电磁影响，需对单元模块基本尺寸结构进行优化。栅板型单元结构俯视图如图 5.15 所示。底板为一厚低温绝缘背板，在板正反两面分别进行超导带材排布。各面由多根超导带材串联形成电流通路，相邻带材之间采用超导带材短样进行桥接，并利用铜固定片进行固定及辅助散热。正反两面带材通过板两端铜固定片构成并联结构。以上设计中低温绝缘板厚度、带材间距等参数将在经过总体电磁参数优化后给出。

图 5.15 带材无弯曲超导限流模块结构图

在本示例中，为进一步节省限流模块的空间、减少超导带材的用量，选用了见表 5.7 中 AMSC 公司的（Double-insert）带材。

表 5.7 AMSC 公司双层带材参数

临 界 电 流	n 值	带 材 宽 度	带 材 厚 度	常 温 阻 值
430A	25	12mm	0.32mm	75mΩ/m

由于栅板型结构中超导带材间距较小，带材之间电磁特性的相互影响，使得带材内部电流分布发生变化，从而导致模块宏观参数如临界电流、交流损耗等参数的变化。限流模块正常运行时，位于板同一侧的相邻超导带材电流方向相反如图 5.16b 所示；而位于板正反两面的两根带材电流方向相同如图 5.16c 所示。为模拟带材间距对其基本特性的影响，利用二维有限元软件对多根带材交流损耗以及临界电流参数进行仿真计算[52]。其磁场分布以及电流分布如图 5.16所示。由图所示，随着带材根数的增加，系统空间磁场分布发生变化，通过数据处理后可得不同超导带材间距下交流损耗以及临界电流参量。

由图 5.16 可知随着带材增加，系统磁力线出现明显压缩、集聚，这将直接导致带材中电流分布不对称化，宏观上将体现在带材交流损耗值增大。仿真过程中超导带材流过电流分别设定为 $0.7I_c$ 以及 I_c。当电流设定为 I_c 时，通过对带材横向、纵向磁场分量的计算，基于临界电流与磁场关系公式获取对应情况下超导带材临界电流参数。当电流设定为 $0.7I_c$ 时，通过对带材表面电阻热积分获取超导带材交流损耗值。图 5.17 为仿真结果后处理所得到的带材间距与交流损耗、临界电流之间的关系曲线。

由图 5.17 可知，超导带材个数增加后，带材表面磁场量值仍维持在较小的范围内，其对带材临界电流几乎未产生影响。而交流损耗值却明显随着带材间距增大而减小，随着间距的不断增加，其下降趋势逐渐饱和，超过一定距离后交流损耗将不会随间距变化而变化。同时根据图 5.17 可知，水平排列对超导带材交流损耗值的影响明显小于面对面排列情况，故主要针对带材面对面间距进

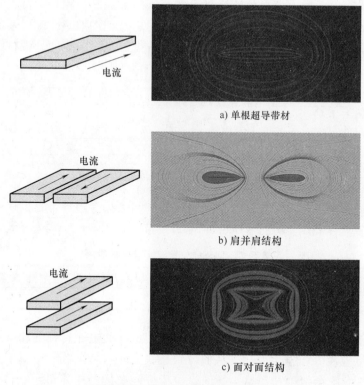

a) 单根超导带材

b) 肩并肩结构

c) 面对面结构

图 5. 16　带材空间磁力线分布图

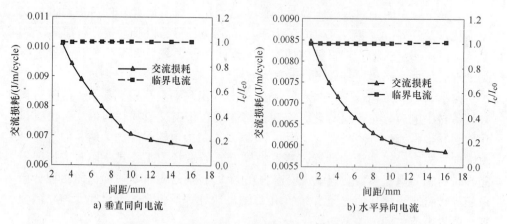

a) 垂直同向电流　　　　　　　　　　　　b) 水平异向电流

图 5. 17　带材间距与交流损耗、临界电流关系图

行优化。由图 5.17a 可知带材间距大于 10mm 后，其交流损耗值变化率明显减小。综上所述，设计中将保证面对面超导带材间距在 10mm 以上。

　　由于超导限流器将应用于实际电网中，其基本单元模块尺寸需满足相关绝缘需求。但由于超导限流单元工作环境较为复杂，系统正常运行时限流单元处于液氮环境中；而当系统发生短路故障时，伴随大量热量产生，液氮迅速汽化，将形成气液共存的复杂绝缘情况。通过相关经验数据[53-54]可知，表 5.8 所列氮气以及液氮相关材料绝缘强度参数。由表 5.8 可知液氮的绝缘强度远高于氮气，但考虑到短路过程中可能遇到气液混合的情况，模块设计中将以氮气的绝缘强度作为设计参考，即按照 30kV/cm 绝缘参数对模块中带材间距、模块间距等进行约束。由上文可知，短路过程中超导带材在单位长度上承受电压也不会超过 100V/m，这也就表明超导限流模块相邻带材间电压差较小，无需考虑绝缘击穿风险，而此绝缘参数主要决定模块之间的间距。

表 5.8　液氮、氮气绝缘强度表

介　质	电极形状	间隙/mm	温度/K	击穿 U_h [峰值]/(kV/cm)
氮气				30
液氮	球-球	0.02-0.10	77.3	1500 [DC]
液氮	球-板	0.05-0.15	77.3	2240 [DC]
液氮	球-板	0.05-0.15	65	1600 [DC]
液氮	球-板	0.19	77.3	805 [AC]
液氮	球-板	0.19	65	1010 [AC]

综合带材电磁特性、空间绝缘和机械加工难易程度等因素，限流单元模块最终尺寸设计如下：超导模块采用双面栅板型结构，模块单面由 58 根 0.57m 的 AMSC 带材首尾相接而成，相邻超导带材间距设置为 5mm，并利用 2.9cm 超导带材进行桥接，连接处由上下两块铜排进行固定；模块正反面利用下铜排进行并联，特氟龙基板厚度选为 8mm，铜排厚度为 2mm，以保证正反两面超导带材间距大于 10mm。基于以上设计超导限流模块可近似认为是两条长 33m 的超导长带的并联电路。

5.4.3　模块标准化测定

按照以上尺寸参数完成如图 5.18a 所示超导限流模块的设计及制备，本小节将对电阻型超导限流模块的相关标准化测定项目进行介绍，这些项目的测试对象包括临界电流、短路失超特性和接触电阻。

限流器模块的临界电流标定与单根带材类似，但需要剔除接触电阻的影响，图 5.18 为典型超导限流模块的伏安特性曲线。由图可知，伏安特性曲线中接触电阻电压占较大比例，对失超前测量数据进行线性拟合得到如图 5.18 中所示②号电压曲线，由拟合参数可知单面模块接触电阻约为 120μΩ。同样通过分离电压曲线中的接触电阻分量及超导分量，可获得如图中③号曲线所示超导材料电压曲线，以 0.1mV/m 作为临界电流评判标准，可知该单面超导限流模块临界电流为 430A，与单根带材临界电流参数吻合。

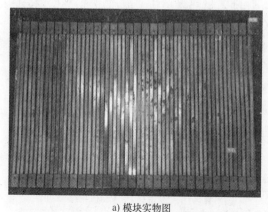

a) 模块实物图

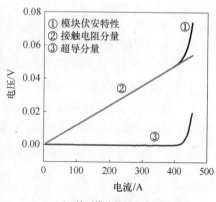

b) 单面模块临界电流测试结果

图 5.18　超导限流模块临界电流测试结果

　　完成超导模块基本参数测定后，将针对模块内部均一性进行测定。该测试一方面将检验带材焊接组装过程中是否发生不可逆损坏；另一方面将检验桥接接触电阻焊接工艺的均匀性，防止短路过程中电压积聚或温度过高等现象的发生。针对如上测试需求，在模块内部添加多个电压探头以监测正常通流、短路情况下模块各段电压的分布情况。

　　模块均匀性分为额定通流均一性以及短路失超均一性两类，其中额定通流均一性可以通过临界电流测试平台进行测定。图 5.19 为限流器模块额定通流均一性结果，测试中电流增速为 5A/s，为忽略超导失超特性，电流仅增加到 350A，由图可知各模块间电压曲线一致性较好，模块各段内接触电阻值较为接近，验证了桥接方式下超导接触电阻的均一性。尽管如此，实际应用过程中由于超导带材性能、焊接工艺的随机差异仍然需针对每个模块单独进行均匀性标定，同样也经由此类测试对模块内部缺陷带材或焊接点进行定位。

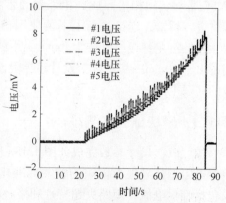

**图 5.19　超导限流模块接触
电阻均一性测试结果**

　　模块失超均一性实验可依托如图 5.7 所示的短路测试平台进行，典型测试波形如图 5.20所示，测试中变压器二次侧输出电压有效值设置为40V，短路时间设置为100ms，由图可知超导限流模块在过电流失超过程中均匀性较好，这表明该模块在实际短路过程中将不会出现电压分布不均或局部过热的现象。

　　经由以上实验测试，制备完成的限流模块相关基本参数见表 5.9。表中给各

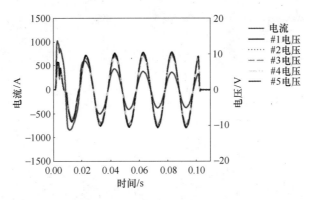

图 5.20　超导限流模块过电流失超均一性测试

项指标可能会随超导模块不同而发生微小改变，为保证超导限流器整机均匀性，需针对不同限流器模块进行单独测量。

表 5.9　限流器单位模块参数表

模块基本参数	基本参数值
临界电流/A	860
模块尺寸/cm³	$100 \times 60 \times 1.6$
模块使用带材数	串联 33m，并联 2 根
模块常温电阻/Ω	1.237
接触点连接方式	桥接
模块接触电阻/μΩ	60
单位模块损耗/W	<2.2

5.5　交流电阻型超导限流器本体设计

本示例设计的交流电阻型超导限流器适用电网为 10kV 配电网，其目标电网三相短路电流约为 7kA，系统额定电流有效值为 60A，系统起动电流最大可达 540A（两台空压机同时起动），持续时间约为 30s。为配合继电保护装置，引入超导限流器后，系统短路电流限制能力设定在 25%。

按照以上电力系统参数以及设计要求，对交流超导限流器整机进行设计。由于高温超导材料临界温度在液氮温区，系统正常工作温度相较于室温要低非常多，故与常规电力设备不同，超导限流器一般需配套低温杜瓦容器，为超导材料提供稳定工作环境。同样由于低温环境的存在，其他辅助设施也需进行相应改进，超导限流器组成结构如图 5.21 所示。

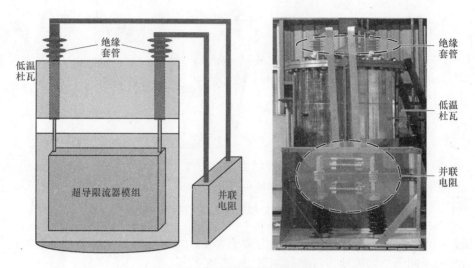

图 5.21 超导限流器整体结构图

5.5.1 交流超导限流器核心组件设计

如图 5.21 所示，该交流超导限流器主要由超导限流模块组、低温杜瓦、低温绝缘套管、并联电阻及连接件组成。本小节将对交流超导限流器各组件的设计方案分别进行研究。

1. 超导限流模块组

由于标准化超导限流模块为栅板型，考虑 SFCL 模块形状及尺寸，模块在杜瓦容器内有如图 5.22 所示三类排列方式。图中圆筒结构为外部杜瓦，而长方体结构则为超导限流模块。

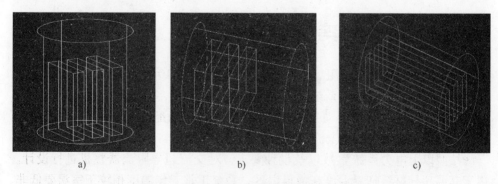

图 5.22 典型模块在杜瓦容器内的排列方式

由于超导限流模块临界电流达 860A，且系统最大起动电流仅为 540A，故将该系统并联支路数设置为 1。根据超导限流器短路电流限制要求，由于仅需将短路电流限制为原先的 75%，超导限流器短路时刻提供电阻仅为系统短路阻抗的 1/2 左右，这表明短路故障中超导限流器承压最大约为系统额定电压的 1/3。以目标系统额定电压 10kV 计算，超导限流器最大承压约为 4.7kV。根据交流极限耐受电压参数及模块带材长度限制，将带材总长设置为 165m，即选用 5 路超导限流模块串联。此时带材最大承受电压峰值约为 28.3V/m。按照如上设定，交流超导限流器中限流模块总数为 5，根据如下准则对超导限流模块进行空间排布：

　（1）考虑空间绝缘问题，沿带材表面电压降落方向需与气泡运动方向平行。

　（2）模块排布空间利用率高，且便于维护拓展。

　（3）综合衡量外部杜瓦形状及加工难度。

　由于超导限流模块较为扁长，且模块数较少，此限流器中模块组空间排布将选用图 5.22a 所示结构。模块之间采用铜排连接，在保证限流模块间绝缘距离的基础上，尽可能紧密排布。

　2. 低温杜瓦

　目前超导电力装置的冷却方式主要分为：开式浸泡式冷却、闭式减压浸泡式冷却、闭式浸泡式冷却、迫流循环冷却和制冷机直接冷却等五类[55]。五种冷却方式基本原理见表 5.10。

表 5-10　超导电力装置的冷却方式原理

冷却方式	原　理
开式浸泡式冷却	将超导体浸泡在低温介质中来实现自身冷却，而蒸发掉的低温气体完全排放到大气中不再回收
闭式减压浸泡式冷却	利用减压的方法，降低低温介质的沸点温度
闭式浸泡式冷却	超导装置采用低温介质直接浸泡来实现冷却，单蒸发掉的低温介质蒸气依靠制冷机再冷凝后，重新返回到低温容器中
迫流循环冷却	一个大气压下的过冷低温介质输入到超导电力装置杜瓦的底部，升温的过冷介质循环返回制冷系统，与低温制冷机冷却过冷低温介质通过热交换器循环交换热量，低温介质自身被冷却后由低温泵在此送入超导电力装置中
制冷机直接冷却	利用固体导热方式完成，超导装置和制冷机冷头通过高导热的无氧铜与超导装置连接，通过导冷进行冷却

　以上各类冷却方式各有优缺点，其中，开式浸泡式冷却、闭式减压浸泡式冷却方式，设计简单，但是由于伴随不可逆低温介质损耗，实际应用中需要不断补充低温介质。闭式浸泡式冷却方式、迫流循环冷却方式形成低温介质循环回路，系统中无低温介质流失，无需低温介质补充，但由于制冷机冷头和超导装置处于同一容器内，高压绝缘难以处理，因此只适合于中低压的场合。制冷

机直接冷却方式主要应用于直流、低压超导磁体装置系统或小型超导器件场合，由于冷却及恢复时间漫长不适合交流、高压场合应用。由于本章节中所介绍的超导限流器自身损耗较低且受到整体造价限制，该超导限流器使用开式浸泡冷却，同时利用密闭低温杜瓦以及添加绝热层等辅助手段减小系统整体液氮损耗率，并在此基础上定期进行液氮补充。外部杜瓦设计选择主要按照如下准则进行：

（1）保证内部高压器件与杜瓦外壳绝缘距离。

（2）保证低温杜瓦整体外观形状尺寸合理性。

（3）减少自然蒸发率，延长杜瓦整体维护时间。

内部限流模块的对地（杜瓦容器内壁）绝缘距离必须符合相关电气设备的绝缘要求，具体按照相关国家标准进行设计。

为简化低温杜瓦制备难度及减小低温杜瓦整体漏热，一般杜瓦容器均制作为圆筒形结构。本限流器中低温杜瓦设计图样如图 5.23 所示，其主要包含低温杜瓦罐体、上法兰盘、绝热层、进出液阀等组件。如图所示限流器罐体总高为 2.65m，外径为 1.4m，罐体内绝热层填充物主要成分为绝热棉，用于降低杜瓦自身液氮损耗。罐体与上法兰盘连接处选用 32 个直径为 36mm 的螺丝进行固定，并同时辅以密封圈进行密封。上法兰盘中为低温套管预留孔隙，且同时装有超压排放阀及爆破片等装置。

3. 低温绝缘套管

与常规绝缘套管不同，超导限流器低温绝缘套管在承担连接外部高压电力系统功能的同时也起到连接常温环境与液氮环境的作用。其设计需同时考量套管内外绝缘以及套管本体漏热等因素。本限流器套管内芯材料为铜，直径为 2cm。由于使用电压等级仅为 10kV，故套管外绝缘部分并未进行特殊处理，采用常规硅橡胶伞裙，套管固体绝缘采用玻璃纤维浸环氧树脂浇注方式制备。内绝缘设计过程中，考虑到低温环境中可能存在的凝露情况，加长了套管内部绝缘距离，将内绝缘延长至 90cm。套管具体结构如图 5.24 所示，其两端接头可根据外部连接电缆头结构进行更换，且套管出厂时需通过 10kV 常规电力套管的相关检测。

4. 并联电阻

根据上文所述，交流超导限流器中超导限流模块个数为 5，整体带材长度为 165m，对应常温电阻达 6Ω 以上，这表示交流超导限流器具有较强电阻产生能力。由于超导限流器应用于电力系统时，并不一味地强调电流抑制能力，限流器与继电保护装置的配合也是考量超导限流器性能的重要指标之一。因此在超导限流器两端接入并联电阻，一方面起到调节系统限流比的作用；另一方面起到保护超导带材的作用，保证超导材料在短路冲击中温度低于最高耐受温度。由于系统额定工作时，并联电阻几乎不流过电流，故该并联电阻具体容量按照系统短路情况进行设计。其相关设计参数见表 5.11。

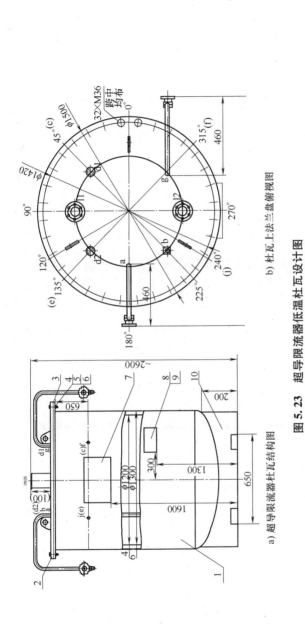

图 5.23 超导限流器低温杜瓦设计图

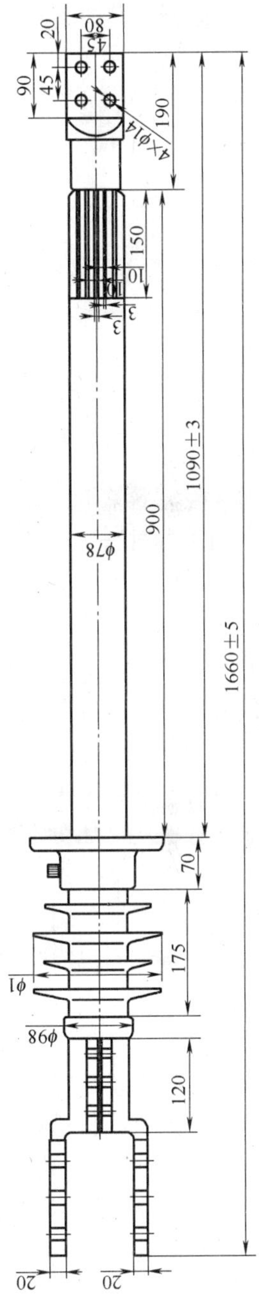

b) 杜瓦上法兰盘俯视图

a) 超导限流器杜瓦结构图

图 5.24 超导限流器低温套管结构图

表 5.11　并联大功率电阻器技术参数

并联电阻参数指标	参　数　值
额定容量	2.1MJ（冲击持续时间 100ms）
电阻阻值	$0.85\Omega \pm 5\%$
绝缘电阻	2500VDC，100MΩ 以上
工频耐压	AC30kV，1min，漏电流 <10mA
工作方式	短时电流冲击 <0.2s，允许时间间隔 >30s
冷却方式	自然冷却
尺寸	1404mm×2068mm×637mm

5.5.2　整机基本参数标定测量

超导限流器整机组装完成后需对其相关性能进行测试，测试项目主要包括常温非电学参数测试、超导限流模块均一性测试、整机液氮损耗量测试和绝缘测试等。其中非电学参数测试对象包括限流器外观尺寸、重量等参数，该类参数见附表1。模块均一性测试包括超导限流模块在工频交流电流、直流电流下的电压分布均一性测试。整机液氮损耗量测试检测对象为超导限流器通过额定工作电流时，系统单位时间液氮损耗量。

1. 超导限流模块组交流均一性测试

交流均一性测试主要是为模拟超导限流模块在电力系统中的额定工作状态，通过测量各模块电压分布，检查各限流模块是否存在缺陷。其测试电路及典型实验波形如图 5.25 所示。测试电路主要包括调压器、大功率降压变压器、超导限流器以及线路电阻组成，通过调节调压器变压器机端电压，并配合 100mΩ 线路电阻，获得不同幅值交流电流。

根据图 5.25b 所示，当系统电流有效值为 70A 时，超导限流器各模块电压一致性较好，且经过长时间通流后，发现该电压分布并未发生改变，表示在长时间通流过程中，其电压一致性未被破坏。实验中在对模块电压进行检测的同时也对超导限流器整机两端电压进行了检测，整机电压波形与限流器各模块电压之和、系统电流之间的曲线如图 5.25c 所示。由于限流模块临界电流远大于额定电流，故电压波形中主要分量为电感分量，基于上图数据进行计算可知超导限流器整机电感约为 26.4μH。

2. 超导限流模块组直流均一性测试

直流均一性测试的主要目的是测量超导限流器整机直流电阻的以及各模块直流接触电阻的分布情况。其测试回路及典型实验波形如图 5.26 所示。

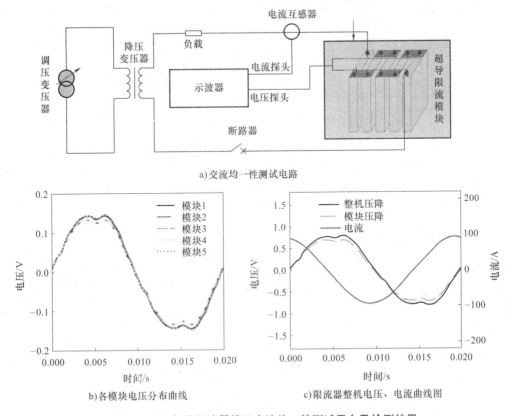

a) 交流均一性测试电路

b) 各模块电压分布曲线

c) 限流器整机电压、电流曲线图

图 5.25　交流超导限流器模组交流均一性测试平台及检测结果

测试电路主要包括了高精度直流电流源、标定电阻和超导限流器，实验中将电源设置为电流源输出模式，通过调节其电流幅值获得不同幅值的直流电流。

　　根据图 5.26b 所示，当系统直流电流为 30A 时，超导限流器各模块电压曲线相较于交流均一性测试明显差异性增大，但电压幅值差异在 ±10% 以内。且经过长时间通流后，该电压分布并未发生改变，各限流模块直流电阻随时间显示良好的一致性。图 5.26c 为对不同电流下超导限流模块电压进行拟合所获得的曲线，这五个限流模块接触电阻分别为由 $83 \sim 100\mu\Omega$ 不等，串联后模块总电阻为 $442\mu\Omega$。而通过对超导限流器进出线电压的监测可知由于高压套管以及套管下端连接头处的接触电阻的影响，限流器整机等效直流电阻为 $920\mu\Omega$。该项实验结果与单一模块测试结果基本相符。

　　3. 整机液氮损耗量

　　超导限流器整机液氮损耗量测试主要针对交流额定带载情况下，低温介质的损耗量进行测定。通过定时对超导限流器自带液位监测装置的数据读取获

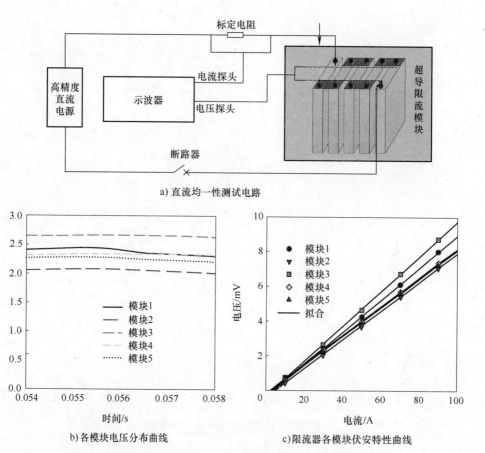

a) 直流均一性测试电路

b) 各模块电压分布曲线

c)限流器各模块伏安特性曲线

图 5.26 交流超导限流器模组直流均一性测试平台及检测结果

得实时液位信息,通过长时间监测获得超导限流器液氮损耗量值,并制定相应液氮补充策略。液氮损耗量测试实验主要包括超导限流器充液静置、额定交流电流长期通流、限流器液位参量监控等部分。其中超导限流器充液过程需经过小流量冷氮气预冷、大流量灌冲、初次静置、补液、二次静置等步骤。在二次静置1h后,将限流器接入交流均一性实验电路,并开始对其液位进行监控。其液位高度随时间变化曲线如图 5.27 所示。

由图 5.27 可知,液氮灌冲初始高度

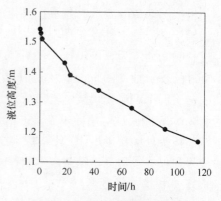

图 5.27 交流超导限流器液氮损耗量检测结果

为 1.54m。经过为期五天的液位监测可发现，液氮灌冲完毕初期由于系统不稳定，其液氮消耗很大，但随着低温杜瓦周边环境稳定后，其液氮损耗量也趋于稳定，115h 后其液位高度为 1.17m。由于超导限流模块置于杜瓦底部，其高度仅为 60cm 左右，因此 115h 以后其仍完全浸没于液氮环境中。剔除冷却初期的数据，通过拟合得到液位降落速率约为 2.6mm/h；根据低温杜瓦尺寸推算出其液氮损耗量为 3.4L/h。按照此速率推算，液氮灌冲完成两周后，其液氮高度为62cm，仍满足浸没限流模块的需求。考虑一定裕度后，实际应用中将超导限流器维护周期定为 10 天。

5.6　直流电阻型超导限流器本体设计

本小节中的直流超导限流器应用于电压等级为 4kV 的独立直流系统。该系统预计短路电流峰值达 40kA，系统额定电流为 2.5kA，起动电流峰值可达3.8kA，持续时间为 30s，引入该超导限流器后，系统短路电流预计下降 50%。

按照以上参数对直流超导限流器进行设计。与交流超导限流器相同，该限流器仍由超导限流模块组、低温套管、并联电阻等组成。但由于该限流器所处系统额定电流较大，其额定运行时损耗值也较大，故该限流器设计中增添了制冷机系统作为备选组件，以便在实际使用中对超导限流器制冷介质进行实时补充。直流超导限流器组成结构如图 5.28 所示。

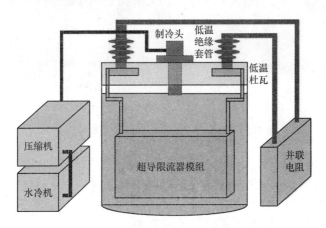

图 5.28　直流超导限流器整体结构示意图

5.6.1　直流超导限流器核心组件设计

如图 5.28 所示，直流超导限流器主要由超导限流器模块组、低温绝缘套管、制冷循环系统、并联电阻及其他连接件组成，本小节将针对 4kV/2.5kA 直流超导限流器各组件的设计方案进行阐述。

1. 超导限流模块组

由于该直流电力系统起动电流达 3.8kA，考虑一定裕量后，将该超导限流器并联模块支路数定为 5，即限流器整机临界电流达 4.3kA。根据目标短路电流限制要求，短路电流限制原有系统的 50%，说明超导限流器将提供阻抗值与系统短路阻抗相同，这也意味着其最大短路承压达到 2kV。由于系统短路时间仅为20ms，综合超导带材直流过电流极限耐受能力，将带材总长度设置为 66m，即超导限流模块串联数为 2，折算后带材最大承受电压峰值约为 30.3V/m。综上所述该直流超导限流器系统中限流器模块总数为 10。考虑到场地限制以及模块尺寸参数后选择如图 5.22a 所示的空间排布方式，模块间利用铜排进行串并联，在保证限流器内部绝缘的基础上尽可能紧密排布，限流器模块组排列分布如图 5.29所示。

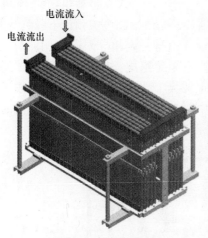

a)限流模块空间设计图   b)限流模块真实结构图

图 5.29 超导限流器的限流模块组空间排布

与交流限流器不同，由于直流限流器并联支路数较多，且系统额定电流较大，当单一模块性能出现不均匀时，将会导致系统电流分布发生变化，当不均匀电流超过模块长期通流极限时，其将会发生失超从而导致一系列连锁反应，甚至导致模块烧毁等严重后果。因此限流器模块组装前需对其相关参数进行统一标定，并基于该参数对其排布进行优化。由模块直流通流实验可知，当系统正常运行时，超导模块电阻主要为其接触电阻。由于超导限流模块带材桥接均使用人工焊接，其焊接工艺存在一定的随机性，故限流器单面完成组装后，对其单面接触电阻进行测定，应用于该直流限流器的 20 个单面模块接触电阻大小见表 5.12[56]。

表 5.12　单面超导限流模块的接触电阻表

模 块 序 号	接触电阻/μΩ	模 块 序 号	接触电阻/μΩ	模 块 序 号	接触电阻/μΩ
1	140	8	101	15	116
2	133	9	127	16	108
3	108	10	162	17	116
4	113	11	122	18	115
5	109	12	114	19	124
6	117	13	117	20	163
7	155	14	112	—	—

由表 5.12 可知，大部分单面超导限流模块接触电阻在 $100 \sim 130 \mu\Omega$ 之间，20 个单面模块中接触电阻极值分别为 $163 \mu\Omega$ 和 $101 \mu\Omega$。基于以上 20 个单面模块接触电阻测量结果，为保证电流均一性，按照超导限流模块正反两面接触电阻相同或接近的优化策略，对单面模块进行分组组装，优化后得到各双面限流模块接触电阻阻值大小见表 5.13。将双面超导限流模块按照接触电阻大小进行排序，将接触电阻较小的 Ⅰ ~ Ⅴ 号模块作为第一组，接触电阻相对较大的 Ⅵ ~ Ⅹ 号模块作为第二组。按照以上分组进行组内并联后再进行组间串联，以此最大程度优化模块电流均一性。当系统通过额定工作电流时，按照以上分组策略各模块理论分流值见表 5.14。

表 5.13　双面超导限流模块接触电阻表

模　块　号	单面模块序号	阻值/μΩ	模　块　号	单面模块序号	阻值/μΩ
Ⅰ	8 3	52	Ⅵ	6 13	59
Ⅱ	16 5	54	Ⅶ	11 19	61
Ⅲ	14 4	56	Ⅷ	9 2	65
Ⅳ	12 18	57	Ⅸ	1 7	74
Ⅴ	15 17	58	Ⅹ	10 20	81

表 5.14　限流器模块理论分流情况

模 块 序 号	电流分布/A	模 块 序 号	电流分布/A
Ⅰ	531.9	Ⅵ	568.1
Ⅱ	512.2	Ⅶ	549.5
Ⅲ	493.9	Ⅷ	515.7
Ⅳ	485.2	Ⅸ	452.9
Ⅴ	476.8	Ⅹ	413.8

从表5.14 的电流分布情况可知，模块中最大电流值为568A，最小为413A，其最大电流值远小于模块临界电流。因此根据此理论分流结果可知，此类模块排布方案下，系统额定通流时，模块组电流不均匀性不会对超导限流器整体性能造成影响。

2. 低温杜瓦

由于直流超导限流器额定工作电流达2.5kA，这意味着超导限流器额定工作时，由套管或内部连接件产生的损耗值将远高于交流限流器。因此直流限流器选择增加备用制冷系统来补充低温介质。与此同时由于直流电力系统现场对限流器高度的限制，直流限流器低温杜瓦设计过程中使用冷屏与波纹管取代绝热层的方式来减少杜瓦自然蒸发量。本限流器中低温杜瓦设计图样如图5.30所示。

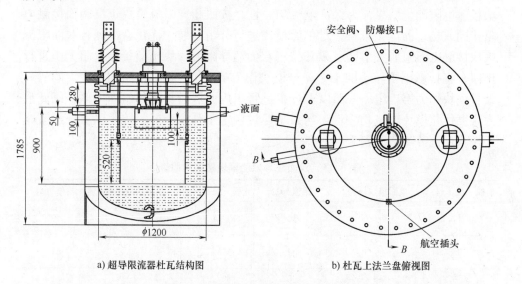

a) 超导限流器杜瓦结构图   b) 杜瓦上法兰盘俯视图

图5.30　超导限流器低温杜瓦设计图

该低温杜瓦包括杜瓦罐体本体、上法兰盘、冷屏、进出液阀等组件。如图5.30所示罐体总高1.785m，外径1.5m，杜瓦内径1.2m。罐体内部上端冷屏由多片不锈钢片组成，并利用聚酰亚胺棒固定于上法兰盘中。罐体内部上次接近上法兰部分为波纹管，其主要功能为增加传热距离，减少系统损耗。罐体与上法兰盘连接处选用了36个直径为18mm的螺丝进行固定，并同时利用密封圈进行辅助密封。上法兰盘中除为低温绝缘套管预留的孔隙外，在法兰盘中心为制冷头预留了内嵌槽。此外该杜瓦进行设计时，将罐体设计压力设置为0.2MPa，通过减少杜瓦内壁厚度来减小系统漏热。为配合这一设计参数，杜瓦超压排放阀临界值将设定为低于0.2MPa并配以较大排放孔径，以便及时将短路时刻限流器内部产生的大量气体排出。

3. 低温绝缘套管

由于直流系统额定电流较大，故直流套管内导体横截面积需相应增大。由于直流套管同时用于连接低温区域与室温，存在漏热损耗，故与交流限流器不同套管损耗在直流限流器整机损耗中将占主要地位。因此在套管设计前首先通过电热学仿真模型对套管尺寸进行优化。

首先关于套管导体材料的选择，主要考虑纯铜与黄铜。由于黄铜电阻率相较于纯铜大一个数量级，额定电流下产生的电阻热远大于纯铜。而传热能力纯铜仅稍强于黄铜，故设计中选择纯铜作为导电材料。参照铜汇流排的横截面积与载流量关系表，可知 2.5kA 对应横截面积约为 1800mm^2，考虑到液氮温区下铜排带载性能为普通情况下的 6 倍左右，故对横截面积做了适当的缩小，初步考虑使用半径不小于 2cm 的纯铜棒作为内部导体。经过仿真计算，可知单根套管总损耗与套管尺寸关系如图 5.31 所示，系统总损耗与横截面半径呈现出抛物线关系，随着套管长度的增加，最小值出现点往横截半径变大的方向移动，且最小值绝对值基本不变，均约为 280W。

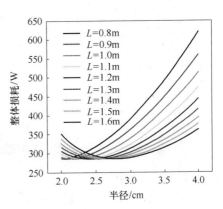

图 5.31　单根套管总损耗与套管尺寸关系图

按照以上仿真结果，方案中最终确定使用长 80cm，导体横截面半径 2cm 的纯铜导体作为绝缘套管内导体。由于低温套管没有标准产品，且整体杜瓦受到高度的限制，所以经过热动力学仿真后，对绝缘套管下端长 80cm 的铜排进行了结构优化。将其改为如图 5.32 所示的螺旋形结构，铜排与上部绝缘套管间采用 40×3mm 的螺纹固定。此外该直流套管绝缘部分仍使用玻璃纤维浸环氧树脂浇注套管。由于目标电力系统受外界气候与环境影响具有较高的污秽等级，爬电比距较大，故采取多伞裙结构以保证套管的绝缘水平。套管具体设计图样如图 5.32 所示。

4. 并联电阻

根据直流超导限流模块组设计方案，其等效带材总长度为 66m，模块并联支路数为 5，其对应常温电阻值为 0.495Ω。为了保护超导带材以及实现控制限流比的功能，我们将在限流器两端并联一大功率电阻。该电阻设计参数见表 5.15。

5. 制冷循环系统

超导直流限流器的损耗来源主要包括直流套管漏热、自体电阻热（套管、接触电阻）以及系统的液氮自然蒸发等。由于目标电力系统并不允许经常性地

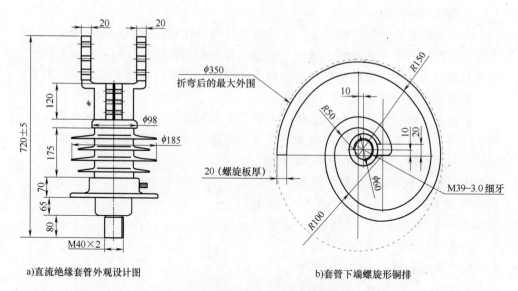

a)直流绝缘套管外观设计图   b)套管下端螺旋形铜排

图 5.32 超导限流器低温套管设计图

补充液氮操作，故必须根据系统损耗量的大小配备适合的制冷机以保证系统可以长时间工作在没有液氮补充的情况下。通过电-热学仿真及测量经验数据可知，系统低温套管损耗预计为560W，超导模块内部接触电阻损耗约为30W，杜瓦液氮自然蒸发率约为1.6%，折合为损耗功率为7W，系统总损耗总计为597W。为有效补偿该功率引起的低温介质损耗，该限流器系统选择使用 CRYOMECH 公司的 AL600（制冷机）配合 CP1014（压缩机）使用，其80K 最大制冷功率可达600W，该制冷系统将有效补偿大部分系统损耗，大大延长系统补液周期。

表 5.15 并联大功率电阻器技术参数

并联电阻参数指标	参 数 值
额定容量	3MJ（冲击持续时间200ms）
电阻阻值	$0.4\Omega \pm 5\%$
绝缘电阻	DC2500V，100MΩ 以上
工频耐压	AC5kV，1min，漏电流 <10mA
工作方式	短时电流冲击 <0.2s，允许时间间隔 >30s
冷却方式	自然冷却
尺寸	450mm×450mm×450mm

5.6.2 整机基本参数标定测量

直流限流器完成整机组装后，同样对其各项基本参数进行测量标定。其相关非电学参数测量结果见附表 2，系统相关绝缘测试将在下一章节进行介绍。本小节主要针对直流超导限流器模块均一性实验以及长时间额定通流实验进行介绍。

直流超导限流器模块均一性实验选用电流类型分别为纯直流以及含纹波直流。其中纯直流电流测试用于标定各模块接触电阻大小；而含纹波直流测试则用于模拟超导限流模组在现场实际电流波形下的分流情况。长时间额定通流测试则为了监测超导限流模块在时间长度上的一致性，以保证现场额定通流过程中不会发生由于分流不均而导致的事故。模块均一性测试及长时间通流实验均基于图 5.33 所示电路。测试电路主要由直流电源、超导直流限流器、数据采集系统等组件构成，根据测试目标的不同更换不同的直流电源。

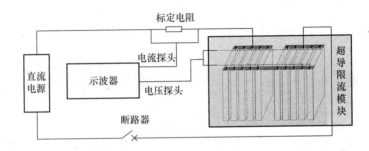

图 5.33　直流通流实验电路图

1. 纯直流模块均一性测试

如上文所述，在制备直流超导限流器过程中，已根据超导限流器各模块接触电阻大小对其空间排布进行了优化。然而实际装配过程中，空间电磁环境的不对称性以及并联铜排连接处接触电阻的引入将对限流模块电流分布造成影响。为检测装配后超导限流器模块组分流改变情况，本小节将利用纯直流电流对装配后各支路电流百分比进行测定。

纯直流通流实验中选用电流源为安捷伦高精度直流电源，其可提供 0 ~ 875A 直流电流。实验将针对各模块电压曲线进行监测，基于先前获取的模块电阻参数值，折算出各模块实际承受电流。通过分析模块分流情况与总电流的关系，推算出系统总电流达 2.5kA 时对应的超导模块分流情况。实验中电源将设置为电流源输出模式，分别将输出电流设置为 100A、200A、400A、600A、800A、875A，各模块流经电流标幺化后如图 5.34 所示。

如图 5.34 所示，各模块电流分布存在一定差异性，且超导限流器两组并联模块分流比与总电流之间呈现近似线性关系。对其电流分布进行拟合后，推算出各组模块在 2.5kA 下对应电流见表 5.16。通过比对表 5.16 与表 5.14 可知超导限流模组在利用铜排并联连接时的引入电阻一定程度上对超导模块电流分布

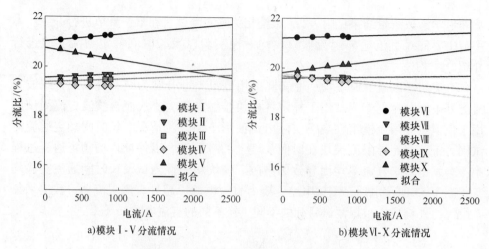

a)模块 I - V 分流情况 b)模块 VI-X 分流情况

图 5.34 超导限流模块组纯直流分流情况

造成影响。第一组并联模块中最大、最小电流分别为 543A、477A；第二组并联模块最大、最小电流分别为 537A、471A，其电流均匀性明显好于理论值。这主要是由于铜排连接引入的电阻值差异性较小，在一定程度上减小了模块电阻差异百分比。

表 5.16 限流器模块纯直流下分流情况

模 块 序 号	电流分布/A	模 块 序 号	电流分布/A
I	543	VI	537
II	499	VII	492
III	492	VIII	480
IV	477	IX	471
V	489	X	520

按照以上数据可知，当系统通过 2.5kA 电流时，超导模块最大通过电流为 543A，而模块 860A 的临界电流足以保证系统正常工作时超导带材的安全稳定运行。

2. 直流带 5% 纹波分流测试

由于目标直流系统电流并非纯直流，其系统纹波比率小于 5%。由于纹波触发了超导限流器中固有的少量电感分量，而该电感值将对电阻极小的限流器产生影响。因此需对限流模组在含纹波的直流电流下的分流进行测试。该测试中电源选用国产 3kA/12V 直流电源，其可用于提供 0~2.5kA 含 5% 纹波的直流电流。与纯直流实验相同，通过监测各个模块的内部电压，进行电压补偿后，利用现有各超导模块接触电阻值换算得到各模块的承受电流，给出 2.5kA 时各模块分流情况。实验过程中，电源设置为电流源模式，电流幅值设置为 2.5kA，其模块电流分布见表 5.17。

表 5.17　超导限流模组直流含纹波情况下带材电流分布

模 块 序 号	电流分布/A	模 块 序 号	电流分布/A
I	510	VI	518
II	506	VII	491
III	497	VIII	474
IV	460	IX	506
V	527	X	511

由上表可知，随着电流纹波的引入，系统分流再次发生改变。这主要是由于随着超导带材电感特性的体现，其电流分布将由模块电阻、电感值共同决定。而由于空间磁场的不对称，各模块电感值也存在差异。这也就直接造成了限流模块在含纹波情况下分布的再次改变。在该类电流波形下，当系统通过 2.5kA 电流时，第一组并联模块中最大、最小电流分别为 527A、460A；第二组并联模块最大、最小电流分别为 518A、474A。而模块 860A 的临界电流足以保证系统正常工作时超导带材的安全稳定运行。

3. 长时间通流实验

为检验直流限流器是否具有现场长时间通流的能力，需针对超导限流器整机电阻特性的时间一致性进行测量。测试同时通过监测限流器进出线温度，考量其额定通流时套管温度变化情况。实验室内通流实验分为 2.5kA/10min 通流实验以及 2.5kA/3min 重复通流实验两部分。

长时间通流实验与限流器含纹波直流均流实验电路系统保持一致，即单独使用直流电源对限流器系统供电。在供给 2.5kA 电流的同时对限流器两端电压、外部连接铜排温度以及限流器气体排放情况进行监测，并以两端电压以及气体排放情况作为评判超导限流器时间一致性的依据。为更好地确定是额定通流时限流器是否存在时间累积效应，除了常规的 10min 额定电流通流实验之外，还进行了多次重复 3min 额定电流通流实验，以确保限流器系统在现场通流测试的安全稳定性。长时间通流监测结果见表 5.18。

表 5.18　超导限流器长时间通流实验结果

监 测 参 数	2.5kA/10min	2.5kA/3min	2.5kA/3min	2.5kA/3min
初始机端电压	1.17V	1.17V	1.17V	1.16 V
最终机端电压	1.17V	1.17V	1.18V	1.17V
初始套管温度	311.0 K	311.2 K	311.5 K	311.1 K
最终套管温度	311.1 K	311.0 K	311.6 K	311.0 K

由表 5.18 可知，直流超导限流器在系统通过额定电流时，限流器两端压降不会发生变化，超导进出线温度无明显上升，且超导限流器顶部气体排放口排气情况未发生变化。因此可认定该超导限流器可长时间工作于额定电流下，且其工作状态并不会随着通流时间的增加而变化。

5.7 典型电阻型限流器挂网应用实例

5.7.1 欧盟 ECCOFLOW 项目超导限流器应用实例分析

2010 年由 Nexans 发起，共有 15 个来自五个国家的研究机构参与的 ECCO-FLOW 项目正式开始。该项目致力于研发商业化超导限流器，项目研发的超导限流器是当时世界上最高电压等级的三相电阻型超导限流器，该超导限流器可同时适用于两个不同的电力系统中。

该限流器将首先在西班牙的 Endesa 电网中进行为期几个月的挂网运行。如图 5.35a 所示，在该电网中，超导限流器将安装于两台变压器的母线排上，起到连接两台变压器组的作用。完成上述试验后，限流器将长期安装于斯洛伐克的 Kosice 电网，在此电网中，超导限流器将安装于如图 5.35b 所示的降压变压器的出线端处[57]。

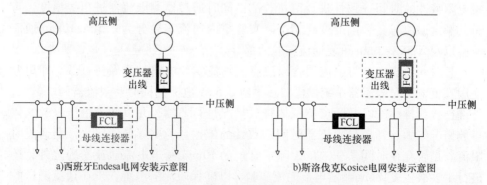

a)西班牙Endesa电网安装示意图　　　　b)斯洛伐克Kosice电网安装示意图

图 5.35 ECCOFLOW 项目限流器实际应用场合

以上两个电力系统的参数见表 5.19，综合两电力系统需求，ECCOFLOW 超导限流器额定工作电压为 24kV，额定电流为 10.05kA，由于在 Endesa 电网中短路时间需求为 1s，故实际应用中，在常规电阻型超导限流器两侧并联了一台空心变压器，在短路发生 80ms 后，超导限流器支路将会被切除，电流将流经空心电抗器支路。该超导限流器其他参数及耐压等级见表 5.19。

该限流器选取的超导长带临界电流为 300A，考虑到额定运行裕量，并联支路数选择为 6。限流器设计过程中将超导带材极限耐受电压设置为 0.515Vrms/cm，因此单相所需的有效串联长度为 160m。所以因此该限流器带材总用量约为 2880m。

表 5.19　ECCOFLOW 限流器性能参数及适用电网基本参数

	Endesa 电网	Kosice 电网	限流器参数
额定电压/kV	16.5	24	24
额定电流/A	1000	1005	1005
交流耐受电压/kV	50	50	50
雷电冲击电压/kV	125	125	125
最高峰值电流/kA	22	26	26
最高限流电流/kA	10.8	17	10.8
短路时长/s	1	0.120	1
超导限流时间/ms	80	80	80
回复时间/s	<30	<30	<30

为优化超导限流器的额定状态下的交流损耗量值，在该设计中超导限流单元模块均按照改进型无感线圈绕制，其基本结构如图 5.36a 所示。该设计采用电流三进三出的方法实现超导线圈磁场的优化，在获得线圈临界电流的基础上，大大减小了系统的交流损耗。该设计中将两根超导带材并绕，并通过中心铜排进行电流的统一换向，限流单元制作过程中，接触部分均采用铟箔连接，单一接触电阻量值可有效控制在 500nΩ 以内。单一模块中带材等效串联长度为 13.2m，并联支路数为 6，模块参数约为 2kV/1kA。

a) ECCOFLOW限流器单元模块俯视图　　　　b)ECCOFLOW限流器模块组装图

图 5.36　ECCOFLOW 限流器单元模块俯视图及组装图

该限流器单元模块具有以下优点：

（1）无需其他辅助并联组件。

（2）结构紧凑，空间利用率极高。

（3）低交流损耗值。

（4）单根带材长度较短，且具有自保护机制。

在此限流单元模块基础上，超导限流器整机由 12 个单元组成，模块与模块之间、模块与杜瓦壁之间均由液氮充当绝缘材料，组装后的超导限流器模块组如图 5.36b 所示。

ECCOFLOW 超导限流器整机杜瓦如图 5.37 所示，该杜瓦内部包含三个液氮容器分别放置独立的三相限流模块组成。系统由 GM 制冷机制冷，系统制冷功率由带材交流损耗值、电流引线热损耗、杜瓦热损耗以及其他连接损耗组成，EC-COFLOW 限流器的额定热损耗量值见表 5.20。

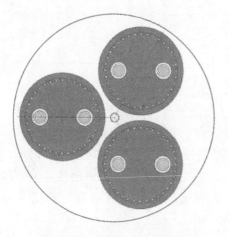

a) ECCOFLOW限流器杜瓦俯视图　　　　　　　b) ECCOFLOW限流器杜瓦剖面图

图 5.37　ECCOFLOW 超导限流器整机杜瓦

表 5.20　ECCOFLOW 超导限流器各相损耗值列表

损 耗 组 成	$0.1I_c$	$0.5I_c$	$1I_c$
超导材料交流损耗/W	< 1	~ 10	150
电流引线损耗/W	180	~ 220	270
杜瓦损耗/W	120	120	120
其他连接损耗/W	1	15	60
77K 下总损耗/W	~ 300	~ 365	600
室温下等效制冷/W	~ 6990	8504	13980

由于西班牙 Endesa 电网中限流时间长达 1s，这对带材的电热稳定性提出了非常高的要求，如果按照 1s 进行设计，限流器造价将急剧上升。故在 ECCOFLOW 项目中，如图 5.38 所示在超导限流器两侧并联了一个空心电抗器。在短路发生 4 周期（80ms）后，超导限流器支路断路器 CB1 将断开，电流将完全流

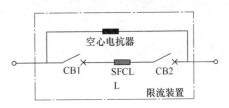

图 5.38　ECCOFLOW 并联
型电阻超导限流器结构

经空心电抗器，断路器 CB2 将在超导限流器退出维护时断开。

限流器这样的设计可以在保证限流器在对峰值电流限制的基础上，大大减少带材的用量。额定运行时，超导限流器阻抗值仅为 $0.55\text{m}\Omega$（$1.8\mu\text{H}$），而并联空心电抗器阻抗值达到 1.4Ω（4.5mH）。绝大多数电流将流经超导限流器。而短路发生时，由于超导材料的过电流失超特性，超导限流器支路阻抗值将上升至 10Ω，线路的电流也将根据实时阻抗值进行重新分布。图 5.39 为对含限流器电力系统的动态仿真结果，图中短路故障发生初始，线路电流几乎全部流经限流器支路，随着超导材料宏观电阻的增大，越来越多的电流流经并联空心电抗，而在短路发生 80ms 后随着 CB1 动作，电流完全流经空心电抗器。由于 ECCOFLOW 限流器实际挂网的资料公布，实际运行参数将在之后修订中进行补充。

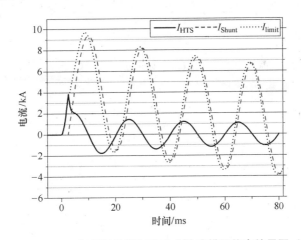

图 5.39　ECCOFLOW 超导限流器短路动态响应模拟仿真结果图（前 80ms）

5.7.2　意大利首台兆瓦级高温超导限流器应用实例分析

自 2009 年起 Ricerca sul Sistema Energetico（RSE）开始开展 MW 级超导限流器的研制工作，其研制的限流器面向米兰地区的 A2A Reti Elettriche 电网。这个项目首先完成一单相电阻型超导限流器设备，并在此基础上完成三相 9kV/

3.4MVA 电阻型超导限流器的制备以及挂网实验，该限流器已于 2012 年开始在意大利电网实际挂网运行，其中主动防御了多次自然系统短路故障。该限流器使用一代高温超导带材，且容量较小，目前 RSE 正预备该设备扩容，扩容后该设备目标容量为 9kV/15.6MVA。该超导限流器在 S. Dionigi 变电站中进行挂网测试，该变电站内部连接图如图 5.40 所示。由于线路 2 上的短路电流超标问题将影响到 9kV 母线上的其他用户，原计划将线路 2 的终端用户转移至变电站其他母线，目前通过在线路 2 入口处串入超导限流器来解决。

图 5.40 所示电网等效电阻和电抗参数见表 5.21，按照表格内参数计算可知，该系统稳态短路电流为 9.878kArms，稳态短路功率因素角（$\cos\theta = 0.232$），短路电流峰值为 20.856kA。

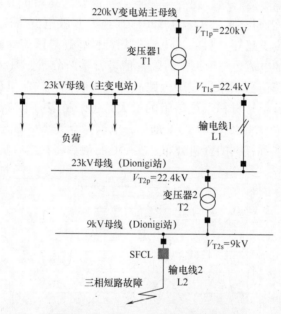

图 5.40 意大利 A2A 电网简易结构图

表 5.21 意大利 A2A 电网组件等效参数

电 网 组 件	电阻/mΩ	电抗/mΩ	阻抗/mΩ
220kV 母线	0.65	6.43	6.46
1 号变压器	3.61	135.60	135.65
线路 1	39.38	30.12	49.58
2 号变压器	21.63	310.50	311.26
线路 2	56.84	29.00	63.81
9kV 侧短路阻抗值	122.11	511.65	526.02

　　RSE 超导限流器选用一代高温超导带材 Bi-2223 制备而成，限流器目标限流比为 1.7~2 之间。超导限流器带材总用量为 1880m，带材表面使用 Kapton 绝缘胶带进行半叠包处理。限流器模块单元采用无感线圈绕制，每一相均有三个无感线圈串联而成，超导限流器临界电流不低于 220A，每一相线圈均并联一个 0.4Ω 的空心变压器。所有的超导组件均被放置于 1800mm 高，内径为 600mm 的杜瓦中，系统采用液氮循环制冷，制冷功率在 77K 下为 1000W。RSE 超导限流器其他参数见表 5.22。

表 5.22　意大利 A2A 电网需求

参　　数	A2A 电网需求	型 式 试 验
额定电压/kV	10	12
额定电流/Arms	220	220
稳态短路电流/kArms	12.3	12.3
短路电流峰值/kA	30	33.2
短路电流功率因素角	0.1	0.08
短路持续时间/ms	400	300
电流限制比	1.7~2	1.83

　　RSE 超导限流器自 2012 年 3 月开始进行长期的挂网测试，并于 2013 年 6 月由于制冷系统的最长连续使用时间问题进行了退网维护。在此测试期间，限流器安装于 A2A 电网，其运行期间表现出 100% 的可靠性。实际挂网中超导限流器实物图以及结构图如图 5.41 所示[58]。

a) RSE 超导限流器现场实物图

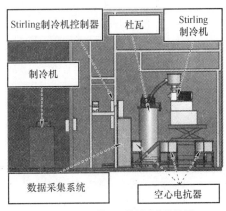

b) RSE 超导限流器及监测系统结构图

图 5.41　RSE 超导限流器实物图及结构图

实际在线试验前，该超导限流器首先在实验室内进行如下标准型式试验项目：

（1）局部放电检测试验。

（2）工频耐压测试。

（3）雷电压冲击测试。

（4）短路电流冲击测试。

图5.42为型式试验中，测试系统接入超导限流器前后，各相电流的比对图。RSE超导限流器在300ms时长的短路电流测试中显示出良好的短路电流限制能力。

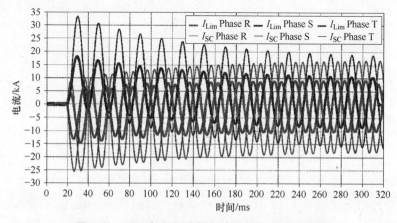

图5.42　RSE超导限流器短路电流冲击试验结果

自2012年3月至今RSE超导限流器完成了长时间额定运行试验，图5.43a为2012年4月1日到2012年5月13日期间各相电流特征量提取值；图5.43b为2012年10月4日到2013年6月13日期间各相电流特征量提取值。由图可

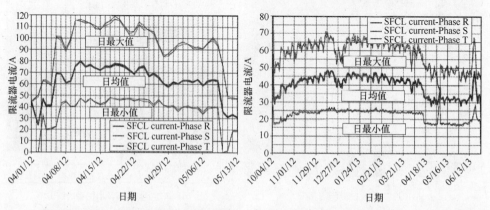

a) 2012年4月至2012年5月间超导限流器电流特征量曲线　　b) 2012年10月至2013年6月超导限流器电流特征量曲线

图5.43　RES超导改流器电流特征量曲线

知，三相电流特征值大致保持一致，且最高电流值不高于 120A，远低于 220A 的设计额定电流。在长时间额定运行试验期间，监测系统时刻测量超导限流器的内部气压、温度等量值，该非电量值均未出现异常。

2014 年 5 月 17 日早晨 7 点 52 分，A2A 系统发生突发短路故障，短路时长 70ms。超导限流器动态响应特性由实时监测系统进行实时存储，短路过程的电压电流曲线如图 5.44 所示。根据数据分析其电流限制比在 1.76~2.48 之间。第一波峰 R 相电流由 16.07kA 限制至 8.43kA，其对应的电流限制比为 1.91；S 相电流由 5.63kA 限制到 2.63kA，电流抑制比为 2.14；T 相电流由 20.84kA 下降至 11.87kA，电流抑制比为 1.76。其余特征参数如：总电流（I_{SC}）、并联支路电流（I_{LIM}）、超导限流器支路电流（I_{HTS}）等均提取至表 5.23 中。

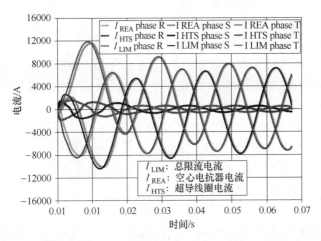

图5.44　2014 年 5 月 17 日短路故障，超导限流器动态响应过程

表 5.23　超导限流器应用前后系统短路电流峰值表以及短路电力限制比（$\varGamma = I_{SC}/I_{LIM}$）

波峰编号	1	2	3	4	5	6	7
R 相							
I_{SC}	−16.07	12.98	−14.44	13.75	−14.07	13.92	−13.99
I_{LIM}	−8.43	6.43	−7.76	7.00	−7.43	7.23	−7.27
I_{HTS}	−1.88	1.30	−0.82	0.64	−0.59	0.56	−0.53
$\varGamma$	1.91	2.02	1.86	1.97	1.89	1.92	1.92
S 相							
I_{SC}	5.63	−18.01	12.08	−14.87	13.55	−14.17	13.88
I_{LIM}	2.63	−10.38	5.42	−8.62	6.63	−7.84	7.15
I_{HTS}	1.47	−1.55	1.13	−0.64	0,62	−0.57	0.55
$\varGamma$	2.14	1.73	2.23	1.73	2.04	1.81	1.94

（续）

波峰编号	1	2	3	4	5	6	7
				T 相			
I_{SC}	20.84	-10.79	15.49	-13.26	14.31	-13.81	14.05
I_{LIM}	11.87	-4.35	9.15	-6.18	7.94	-6.98	6.72
I_{HTS}	1.63	-1.23	0.64	-0.63	0.57	-0.55	0.52
Γ	1.76	2.48	1.69	2.15	1.80	1.98	2.09

5.7.3 上海交通大学10kV/70A交流超导限流器项目实例分析

交流超导限流器试验电网为 10kV 配网系统。系统主接线图如图 5.45 所示，系统中电能由 35kV 变电站 1#主变压器降压后经馈线 110（张网线）传送至空压站高压控制柜，系统中所有高压开关均无重合闸。其中 1#主变 10kV 侧主断路器配备南瑞继保生产的线路保护装置，设备型号为 RCS9612AII，保护参数为：过电流I段定值 1500A，时间 0.1s。馈线 110（张网线）出线开关配备同样型号南瑞继保线路保护装置，保护参数为：过电流I段定值 1280A，时间 0s，过电流II段定值 600A，时间 0.05s。馈线 110 负载除空压机外还包括其他办公用电及备用电等，超导限流器安装位置在 2#空压机高压控制柜出线端线路 C 相。负载为三星离心式空压机，型号 TM1250，额定电压 10kV，额定功率 1007kW，额定电流 60A，直接起动电流 401A，在本实验中采用串联水电阻软方式起动，起动电流约为 270A，起动时间 35s。

现场试验数据采集系统分为远端、近端两部分：远端检测系统搭建于 35kV 变电站内，将继电保护二次侧信号引出作为系统检测信号，利用高精度、高采样率采集系统对系统电压、电流参量进行实时监控；近端检测系统搭建于空压站内，具体接线方式如图 5.45 所示，超导限流器支路与并联电阻支路电流分别通过电流互感器变换送至近端检测系统，以便检测。

现场试验准备工作主要由电力公司及上海交通大学共同完成。其中电力系统侧相关工作主要由电力公司完成，具体工作内容包括：电力系统运行方式及主接线调整、继电保护装置整定值调整、变电站内继电保护信号接出、短路点加工及电缆加工、现场应急预案编写及站内停电报告发布等。超导限流器侧相关调试工作主要由上海交通大学承担，具体工作内容包括：超导限流器基本性能测试报告出具、超导限流器现场组装、现场交接试验、现场信号采集系统联调等。准备工作流程如图 5.46 所示。

准备工作完成后，按照预定流程完成现场试验项目。现场试验主要包括如下内容：含空压机起动过程的额定通流试验、10kV 电网三相短路故障、两相相间短路故障。其中额定通流试验包括空压机起动、空载运行、负载运行三部分，

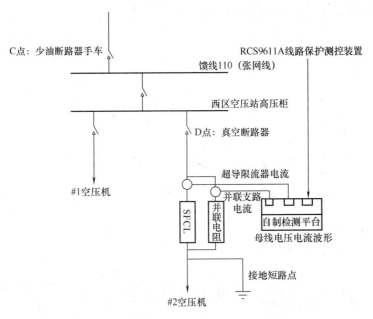

图 5.45　现场试验超导限流器端系统接线图

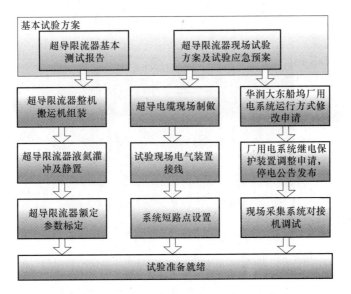

图 5.46　超导限流器现场试验准备工作流程

空压机起动过程中起动电流峰值约为 300A，起动持续时间约为 20s，起动完成后系统空载运行一段时间后加载至额定运行状态，最终由额定运行减载至空载运行，整个过程持续时间为 10min。三相短路故障、两相相间短路试验持续时间均设定为 70ms，两类短路均通过人工短路点进行设置，由于在现场交接试验中，发现待测电力系统三相电缆存在绝缘老化问题，其耐压仅为7kV。现场实际试验发现，由于待测电力系统三相电缆存在绝缘老化问题，两相相间短路过程中出现了电缆绝缘击穿现象，相关试验数据分析将在下一小节中给出。

现场试验完成后，按照流程完成系统恢复工作。与前期准备工作相同，电力系统侧相关工作主要由电力公司完成，具体工作内容包括：电力系统运行方式及主接线恢复、继电保护装置整定值恢复、变电站内继电保护信号接回、短路点拆除、系统恢复供电等。超导限流器侧相关工作主要由上海交通大学承担，具体工作包括：超导限流器拆装、现场信号采集系统拆除以及超导限流器参数二次标定等。

本小节将针对交流超导限流器各项现场试验数据进行分析，讨论单相超导限流器对电力系统运行参数的影响。同时论证单相超导限流器在三相短路、两相相间短路过程中的限流能力。

1. 额定通流试验

与前述实验室内额定通流不同，该额定通流试验包括系统起动、空载运行、系统加载、额定负载运行等多个状态过程。现场远端数据采集系统采集到的三相电压、电流波形图谱如图5.47所示，由于采集时间较长，图中仅可清晰看出各个过程中系统电压、电流包络线。由图5.47可知，系统电压波形仅在空压机起动时发生些许降落，系统空载、负载情况对系统电压几乎无影响；由于传感器变比不同，图中所示电流波形存在差异，经过比例折算后可知各相电流有效值相同。

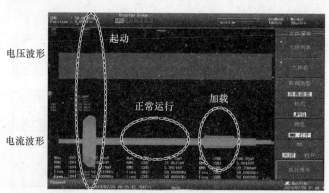

图5.47 系统额定负载试验全过程电压、电流曲线图

为更好地获取额定通流试验各阶段系统电压、电流波形分量，对现场采集数据进行局部放大。其中负载起动过程中电压、电流波形包络波形图如5.48所示，由图可知空压机起动冲击电流持续时间约为19s，起动过程中电流峰值达319A，起动过程结束后其电流峰值下降至42A。起动过程中系统各相电压由8.56kV下降至8.29kV，整体跌落约3.15%，且随着起动过程结束，系统电压恢复正常。

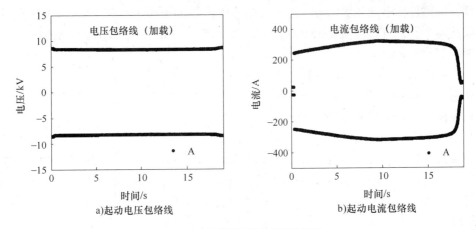

图 5.48　负载起动测试试验结果

系统加载过程中电压、电流波形包络波形图如图 5.49 所示，由图可知空压机由空载加载至额定负载，再由额定负载减载至空载，此过程总耗时为 45s。系统空载电流峰值为 42A，加载后其峰值电流达 79A；加载过程中系统电压无明显变化，表示加载对系统电压无影响。试验过程中超导限流器外观无明显变化，根据实验室内测试可知额定电流下，限流器压降小于 1V，这表明其引入对系统电压、电流均无影响。

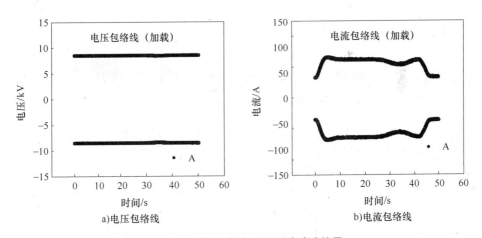

图 5.49　系统加载全过程测试试验结果

2. 三相短路试验

在完成系统额定通流的基础上，如图 5.45 所示通过设置三相短路点实现系统三相短路试验模拟。由于本文中提到的超导限流器为一单相限流器，故其对三相短路故障的电流限制特性将会与安装三相限流器情况不同。为研究安装单相、三相限流器后对系统短路过程影响的差异性，本小节首先基于 PSCAD 软件，按照目标电网相关参数搭建了含超导限流器的交流电网模型[59]。通过改变限流器个数，分析限流器个数对系统远端（35kV 变电站侧）电流、系统电压的影响。

利用 PSCAD 模型分别针对系统不含超导限流器、含单相超导限流器、含三相超导限流器情况下三相短路故障进行仿真模拟，其中单相限流器安装于 C 相。根据模型仿真结果分别对三种情况下 B 相、C 相电压、电流波形图进行对比。其中 C 相电压、电流波形对比如图 5.50 所示。由图 5.50a 可知，由于单相超导限流器安装于 C 相，安装单相与三相限流器情况下系统远端处电流、波形保持一致，均将限流短路电流由 6.3kA 限制至 4.8kA；由图 5.50b 可知，安装单相、三相限流器情况下，系统远端处 C 相电压波形保持一致，均将系统电压由 3.8kV 提升至 4.6kV。

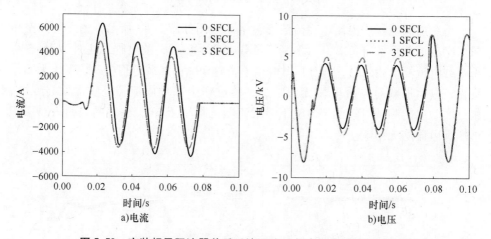

图 5.50 安装超导限流器前后系统远端 C 相电压电流波形对比图

而此时系统远端 B 相电压电流波形比对图如图 5.51 所示。由图 5.51a 可知，安装于 C 相的单相超导限流器对 B 相电流限流效果不明显，仅将第一波峰电流由 3.75kA 抑制到 3.72kA，其电流波形与未安装超导限流器时几乎重合，而安装三相超导限流器后，系统第一个波峰电流由 3.75kA 抑制到 3.23kA；由图 5.51b 可知，同样安装于 C 相的单相超导限流器对 B 相电压的稳压效果不明显，其电压曲线几乎重合，而安装三相超导限流器后，系统短路电压由 3.96kV 提升至 4.66kV。

由上述仿真结果可知系统三相短路时，安装三相限流器与单相限流器时系统电压、电流特性有所不同。对于安装单相超导限流器的 C 相，其电流、电压波形基本保持一致，且显示出良好的限流、稳压效果；而未安装单相限流器的 B 相，其电压、电流均存在较大差异，单相限流器对 B 相的短路波形影响极小。

基于以上结论，对目标电力系统进行三相短路试验，通过对安装限流器的 C

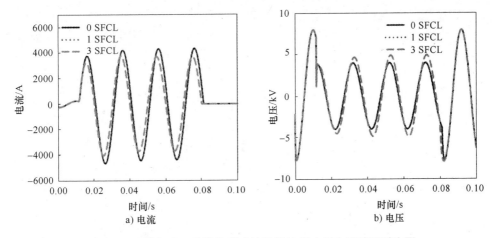

图5.51　安装超导限流器前后系统远端 B 相电压电流波形对比图

相短路波形分析，验证其短路电流抑制能力以及稳压能力。通过对其现场试验数据的提取，短路过程中系统电压、电流波形如图 5.52 所示。由图 5.52 可知，由于仅在 C 相安装了超导限流器，C 相电流、电压波形明显区别于其他相，其中电流波形存在明显下降趋势，与此同时其电压要明显高于其他两相，这些均与仿真结论相吻合。

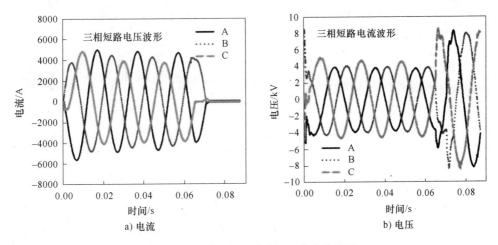

图5.52　系统三相短路电压、电流曲线图

在图 5.52 基础上单独对 C 相电压、电流波形进行提取，并与不含超导限流器时的系统短路波形进行比对。其波形比对图如图 5.53 所示，由图可知，引入限流器后 C 相电流由 6.3kA 下降至 4.8kA，电流下降为 23.8%；而系统电压由 4.2kV 提升至 5.1kV，电压上升了 21.4%。此外根据提取近端采集系统数据，将短路过程中流经超导限流器的电流波形与仿真波形进行比对，其比对结果如

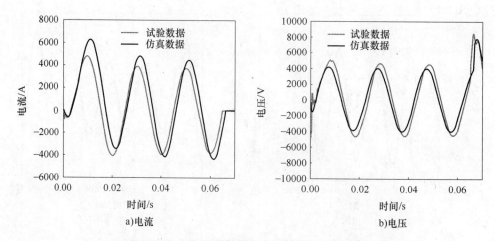

图 5.53 引入单相限流器前后系统电压、电流对比图

图 5.54 所示。仿真与试验电流波形吻合度极高，其流经超导限流器电流峰值为 2.1kA，推算出其流经并联电阻的电流为 2.7kA，由于并联电阻阻值为 0.85Ω，由此可粗略推算出，此时超导限流器整体电阻约为 1.09Ω，该值远低于超导限流器常温电阻，可说明其本次短路过程中超导限流器温度处于安全范围内。

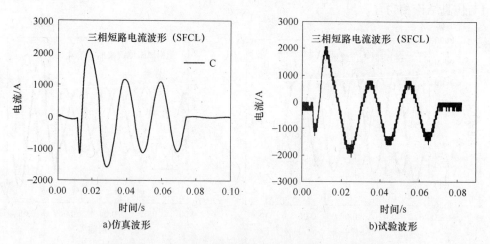

图 5.54 三相短路过程中流经超导限流器电流波形图

在完成三相短路试验后，通过变换短路点接线完成 B-C 相相间短路试验。与上一小节相同，首先利用仿真模型对安装单相、三相限流器后对系统两相相间短路的影响进行研究。其远端（35kV 变电站内）处电压、电流仿真结果如图 5.55 所示。其中图 5.55 表示短路过程中 C 相电压、电流波形与安装限流器个数的关系，三相超导限流器将系统电流由 5.1kA 限制到 4.0kA，而单相超导限流器将系统电流限制到 4.4kA；两个限流器对系统电压稳定效果均不明显。其限流

效果出现不同的主要原因为电力系统两相相间短路等效电路包含的超导限流器个数不同,三相限流器中有两相超导模块组串联于短路回路中,产生电阻能力明显强于单相限流器。此外系统远端 A 相电压电流波形对比图如图 5.56 所示。由于 A 相未发生短路故障,其短路时刻电流量较小,且其电压无明显变化。

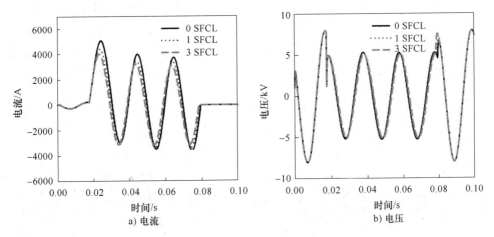

图 5.55　安装超导限流器前后系统远端 C 相电压电流波形对比图

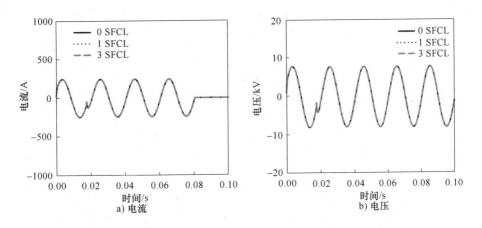

图 5.56　安装超导限流器前后系统远端 A 相电压电流波形对比图

　　由上述仿真结果可知系统发生两相相间短路时,安装三相限流器与单相限流器时系统电压、电流曲线将有所不同。三相限流器限流效果明显优于单相限流器,但单相限流器仍对短路电流表现出较为明显的电流抑制能力。

　　基于以上结论,对目标电力系统进行 B-C 两相相间短路试验。通过对安装限流器的 C 相短路波形分析,验证其短路电流抑制能力。通过对其现场试验数据的提取,短路过程中系统电压、电流波形如图 5.56 所示。由图 5.56 可知,系统在短路前半个周期为两相相间短路，而由于现场电缆绝缘老化的缘故，系统由两相相间短路发展成为三相短路故障。由于本文研究对象为两相相间短路，故针对其第一个波头进行研究，如图5.57所示限流器将短路电流第一个波峰由5.1kA限制为4.2kA，电流下降率为17.6%。此外根据提取近端采集系统信号，将短路过程中流经超导限流器电流波形与仿真计算结果进行对比，其对比结果如图5.58所示，由于系统在两相短路发生后约10ms后发生绝缘击穿，从而在近端采集系统中引入了大量干扰信号，故无法对其温度值进行评估，但根据限流器现场试验后所进行的二次标定，以及短路仿真结果可知，本次短路未对超导限流器系统造成损坏。

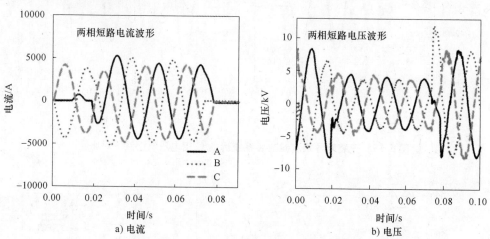

图5.57 系统三相短路电压、电流曲线图

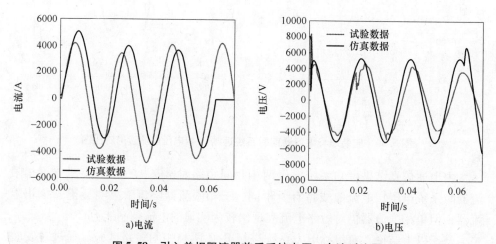

图5.58 引入单相限流器前后系统电压、电流对比图

根据额定通流试验数据可知，超导限流器的引入未对原有系统额定工作参

数造成影响，额定运行中未出现三相不对称运行状态。此外额定通流试验中，起动过程中的冲击电流也未对超导限流器造成影响。现场三相短路过程中，含超导限流器相短路电流由 6.3kA 下降至 4.8kA，电流下降为 23.8%；而系统电压由 4.2kV 提升至 5.1kV，电压上升了 21.4%。现场两相短路过程中，虽然随着绝缘恶化，系统短路两相相间短路升级为三相短路故障，但通过对波形波头分析，可以发现系统两相相间短路电流由 5.1kA 限制为 4.2kA，电流下降为 17.6%。由此可见，该电力系统引入超导限流器后系统短路电流明显出现下降，且针对三相短路过程，超导限流器起到了明显的稳压效果。

5.7.4　上海交通大学 4kV/2.5kA 直流超导限流器项目实例分析

　　直流限流器试验电网为电压等级为 4kV 的独立直流电网。其系统结构图如图 5.59 所示，该系统电源为采用恒频模式工作的汽轮发电机组，其空载额定转速为 3000r/min。系统直流电压由大功率可控整流桥将汽轮机组发电整流获得，系统额定电压为 4kV，额定负载电流为 2.5kA。系统中直流断路器瞬动保护整定值为 6.5kA，保护动作时间约为 20ms。此外系统中由电力系统方提供相关直流电压、电流传感装置以便对直流限流器短路过程进行监测。直流超导限流器现场试验包括额定通流试验、以及系统瞬时短路试验。由于系统短路电流可达 40kA，远高于系统保护设定值，故系统短路时间约为 20ms。

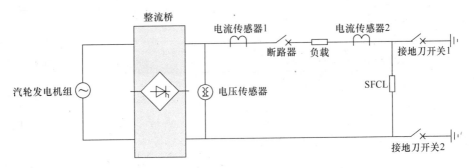

图 5.59　含直流限流器电力系统结构图

　　基于如图 5.59 所示电路，分别针对直流超导限流器进行直流额定通流及瞬时短路试验。现场试验准备工作主要由目标独立电网负责单位以及上海交通大学共同完成。其中超导限流器侧相关调试工作主要由上海交通大学方承担，具体工作内容包括：超导限流器基本性能测试报告出具、超导限流器运输及现场组装、现场交接试验等。其余工作由独立直流电网负责单位完成，主要包括：目标电网试验过程运行方式及主接线调整、现场电缆加工、现场应急预案编写等。且由于试验现场具有完备的现场数据监测系统，故本次试验中数据采集部分将使用现场提供的数据采集测试平台。该测试平台提供包括系统电压、电流、发电机转速、温度等参量数据，同时具有实时监控超导限流器排气情况的功能。

准备工作完成后，按照既定流程先后完成超导限流器额定通流试验以及瞬时短路试验。其中系统额定通流试验流程包括：直流系统起动、逐步加载、系统灭磁至停机状态等过程，其中系统自空载开始，以500A为步长逐级增加电流直至2500A，保持该电流10min。额定通流试验完成后，通过改变接线方式直接将系统负载短接，实现系统短路设置，短路试验包括：直流系统起动、瞬间短路、继电保护动作系统断开至停机状态等过程，其中短路时间约为20ms。

现场试验完成后，按照流程完成系统恢复。与前期工作相同。限流器侧相关工作由上海交通大学承担，具体包括：限流器拆装、运输和系统二次标定等。电力系统侧工作由独立电网负责单位负责，具体包括：电力系统主接线方式恢复、试验测试数据导出等。

由于试验现场较为偏远，为防止超导限流器在运输过程中发生内部连接件脱落、绝缘损坏等现象，在系统采取软连接等优化设计的基础上，在运输前后分别对超导限流器常温电阻、对地绝缘电阻等进行标定。相关测试结果见表5.24。由测试结果可见，系统在运输过程中其常温电阻、绝缘电阻并未发生改变，这表示长途运输对其内部组件并未造成影响。

表5.24   超导限流器相关参数

参　　　数	实验室（9/29）	实验室（10/6）	现场（10/07）
超导限流器常温电阻/mΩ	480.3	480.1	479.8
超导限流器对地绝缘电阻/MΩ	>500	>500	>500

系统灌冲液氮后进行了长达一夜的静置，于第二日上午进行了通流实验。通流试验中加载电流分别为0.5kA、1kA、1.5kA、2kA、2.5kA，整个通流过程中对超导限流器上法兰气体排放情况进行监控。若气体排放情况如图5.60a所示，则表示系统内部工作正常未发生超导材料失超等异常状况；若其气体排放情况如图5.60b和c所示，则表示系统内部出现局部过热，从而产生大量气泡，此时应立即停止通电，以防故障蔓延造成更大损坏。实际通流过程中，限流器两排放口气体排放量并不随电流增加而增加且排放情况均与图5.60a所示相同。且通过比对系统额定电流、电压等曲线可知，引入超导限流器后并未对独立直流系统产生不良影响。

在额定通流试验基础上，通过改变电路主接线完成系统短路试验。通过对直流电网负责方提供短路过程数据进行提取，可获得图5.61a所示短路电压、电流曲线。由图5.61可知该电流曲线为系统电流曲线，而电压曲线为整流桥出口电压曲线。

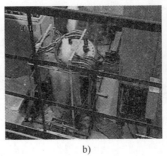

a)　　　　　　　　　　b)　　　　　　　　　　c)

图 5.60　几种典型气体排放情况

为了更好地比较限流器安装前后的系统短路特性差异，仅将短路前 10ms 展开，得到限流器安装前后系统短路电流对比图如图 5.61b 所示，根据以上测试结果，系统引入超导限流器前后短路参数见表 5.25。

表 5.25　SFCL 应用前后系统短路参数

参　　数	参　数　值
系统短路电流峰值（不含 SFCL）	39.0kA
短路开始到电流峰值时间（不含 SFCL）	5ms
系统短路电流峰值（含 SFCL）	20.4kA
短路开始到电流峰值时间（含 SFCL）	2.4ms
应用超导限流器前后短路电流分离点	1.5ms
超导限流器显示的最大电压	401V

由上表可知超导限流器接入直流系统后，系统短路电流由 39kA 下降至 20.4kA，限流比达 47.71%。接入超导限流器后，系统短路电流上升时间由 5ms 变为 2.4ms。安装限流器前后系统短路电流的分离点出现在短路发生后 1.5ms，可认为超导限流器的响应时间为 1.5ms。系统短路过程中超导限流器两端电压最大为 401V，超导带材承压仅为 6V/m，在电压安全范围内。通过相关仿真计算可知短路过程中超导带材峰值温约为 80K，这表示此时带材本身并无明显温度上升。虽然带材并无明显温升，但短路过程中电流通过稳定层仍然产生很大的热量，这些热量由液氮汽化后带走。通过现场监控可知短路过程中限流器气体排放口有如图 5.62b 所示大量气体喷出。短路结束后，由于短路过程产生的气体未完全排出，上法兰排放口持续有气体排出，经过近 15s，排放口才恢复正常状态，此全过程如图 5.62 所示。

经过直流现场试验数据分析可知，经过内部软连接优化后，该直流超导限流器有效避免了长距离运输对其内部连接件的影响。通过 2.5kA/10min 额定电

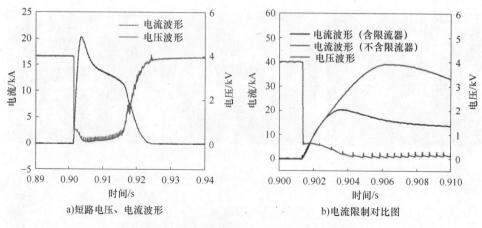

a)短路电压、电流波形　　　　　　　　b)电流限制对比图

图5.61 直流限流器系统短路试验测试结果

a) 系统空载　　　b) 系统短路故障发生　　　c) 短路切除后10s　　　d) 短路切除15s

图5.62 超导直流限流器短路试验中气体排放情况

流通流试验可验证直流限流器额定载流能力。经过系统瞬时短路试验可知，超导限流器将直流系统短路电流由39kA限制至20.4kA，电流下降约47.7%，其响应时间为1.5ms，体现出良好的电流抑制效果。且经过限流器二次校验可知，该系统短路试验未对限流器性能造成影响。

5.8 本章小结

本章首先从超导材料的本征属性出发，针对电阻型超导限流器的特点，重点介绍了超导材料过电流特性的典型测试及分析手法。经由两台电阻型超导限流器案例，阐述了电阻型超导限流器的初步设计及制备过程。介绍了近十年国内外电阻型超导限流器的研究现状，并简单介绍了针对超导限流器的相关型式试验测试。在此基础上选取了近些年较有代表性的电阻型超导限流器案例进行介绍，其中包括欧洲的ECCOFLOW项目、意大利的RSE项目、上海交通大学10kV/70A交流超导限流器项目、4kV/2.5kA直流超导限流器项目。本章从超导限流器适用场合、限流器特征参数以及装备工艺、系统仿真及现场试验等角度针对上述项目进行详细描述。其中 ECCOFLOW 项目由于尚无现场试验数据及报道，尚且使用仿真数据代替，其余各项目均有现场试验数据支撑。关于上述案例的介绍有力的论证了电阻型超导限流器在交直流电力系统中的应用可行性。

附表1　交流超导限流器技术数据表

序　号	项　目	试验测试值
1	型号	10kV-60A-AC-SFCL
2	相数	1
3	系统额定电压	10kV
4	额定持续电流	60A
5	额定端电压	<1V
6	动稳定电流	8kA
7	额定短时电流	7kA
8	额定频率	50Hz
9	额定容量	600kVA
10	损耗	<25W
11	绝缘水平	10kV
12	防污等级	最高污秽等级
13	重量	3.75t
14	外形尺寸（外径、高）	R=1450mm；H=2670mm

附表2　直流超导限流器技术数据表

序　号	项　目	试验测试值
1	型号	4kV-2.5kA-DC-SFCL
2	系统额定电压	4kVDC
3	额定持续电流	2.5kADC
4	额定端电压	<1V
5	额定动稳定电流	50kA
6	额定短时电流	40kA
7	系统纹波率	<5%
8	额定容量	10MVA
9	损耗	<600W

（续）

序　号	项　目	试验测试值
10	绝缘水平	6.6kV
11	防污等级	最高污秽等级
12	重量	3.55t
13	外形尺寸（外径、高）	R = 1550mm；H = 2260mm

参 考 文 献

［1］刘振亚. 智能电网技术［M］. 北京：中国电力出版社，2010.

［2］陈妍君，顾洁，金之俭，等. 电阻型超导限流器仿真模型及其对 10kV 配电网的影响［J］. 电力自动化设备，2013，33（2）：87-91.

［3］Gromoll B，Ries G，Schmidt W，et al. Resistive fault current limiters with YBCO films 100kVA functional model［J］. Applied Superconductivity，IEEE Transactions on，1999，9（2）：656-659.

［4］Gromoll B，Krämer H P，Nies R，et al. Development of a resistive fault current limiter of the 1-MVA-class［C］//American Supercond. Conf.，Virginia Beach. 2000.

［5］Grant P M. Superconductivity and electric power：promises，promises... past，present and future［J］. Applied Superconductivity，IEEE Transactions on，1997，7（2）：112-133.

［6］Hong Z，Sheng J，Yao L，et al. The Structure，Performance and Recovery Time of a 10 kV Resistive Type Superconducting Fault Current Limiter［J］. Applied Superconductivity，IEEE Transactions on，2013，23（3）：5601304.

［7］Hobl A，Goldacker W，Dutoit B，et al. Design and production of the ECCOFLOW resistive fault current limiter［J］. IEEE transactions on applied superconductivity，2013，23（3）：5601804.

［8］Martini L，Bocchi M，Ascade M，et al. Live-grid installation and field testing of the first Italian superconducting fault current limiter［J］. IEEE Transactions on Applied Superconductivity，2013，23（3）：5602504.

［9］Descloux J，Gandioli C，Raison B，et al. Protection system for meshed hvdc network using superconducting fault current limiters［C］//PowerTech（POWERTECH），2013 IEEE Grenoble. IEEE，2013：1-5.

［10］Luongo C A，Masson P J，Nam T，et al. Next generation more-electric aircraft：a potential application for HTS superconductors［J］. Applied Superconductivity，IEEE Transactions on，2009，19（3）：1055-1068.

［11］Martini L，Bocchi M，Dalessandro R，et al. Electrical testing of 1 MVA-class three-phase superconducting fault current limiter prototypes［C］//Proceedings. 2007.

［12］Malozemoff A P，Fleshler S，Rupich M，et al. Progress in high temperature superconductor coated conductors and their applications［J］. Superconductor Science and Technology，2008，

　21（3）：034005.

[13] Kang H, Lee C, Nam K, et al. Development of a 13. 2 kV/630 A（8. 3 MVA）high temperature superconducting fault current limiter [J]. IEEE Transactions on Applied Superconductivity, 2008, 18（2）：628-631.

[14] Yazawa T, Koyanagi K, Takahashi M, et al. Development of 6. 6 kV/600A superconducting fault current limiter using coated conductors [J]. PhysicaC：Superconductivity, 2009, 469（15）：1740-1744.

[15] Klaus D, Wilson A, Dommerque R, et al. Fault limiting technology trials in distribution networks [C] //20th International Conference on Electricity Distribution, Prague. 2009：8-11.

[16] SCFCL O. Status of Development of Superconducting Fault Current Limiters（SCFCL）and Superconducting Cables and Superconducting Cables [D]. Karlsruhe Institute of Technology, 2011.

[17] Hyun O B, Sim J, Kim H R, et al. Reliability enhancement of the fast switch in a hybrid superconducting fault current limiter by using power electronic switches [J]. IEEE Transactions on Applied Superconductivity, 2009, 19（3）：1843-1846.

[18] Hyun O B, Park K B, Sim J, et al. Introduction of a hybrid SFCL in KEPCO grid and local points at issue [J]. IEEE Transactions on applied superconductivity, 2009, 19（3）：1946-1949.

[19] Martini L, Bocchi M, Ascade M, et al. Development, testing and installation of a Superconducting Fault Current Limiter for medium voltage distribution networks [J]. Physics Procedia, 2012, 36：914-920.

[20] Moriconi F, De La Rosa F, Darmann F, et al. Development and deployment of saturated-core fault current limiters in distribution and transmission substations [J]. IEEE Transactions on Applied Superconductivity, 2011, 21（3）：1288-1293.

[21] Martini L, Bocchi M, Brambilla R, et al. Design and development of 15 MVA class fault current limiter for distribution systems [J]. IEEE Transactions on Applied Superconductivity, 2009, 19（3）：1855-1858.

[22] Noe M, Steurer M, Eckroad S, et al. Progress on the R&D of fault current limiters for utility applications [C] //Power and Energy Society General Meeting-Conversion and Delivery of Electrical Energy in the 21st Century, 2008 IEEE. IEEE, 2008：1-4.

[23] Malozemoff A P. Second-generation high-temperature superconductor wires for the electric power grid [J]. Annual Review of Materials Research, 2012, 42：373-397.

[24] Elschner S, Kudymow A, Brand J, et al. ENSYSTROB-Design, manufacturing and test of a 3-phase resistive fault current limiter based on coated conductors for medium voltage application [J]. Physica C：Superconductivity, 2012, 482：98-104.

[25] Stemmle M, Merschel F, Noe M, et al. AmpaCity—Installation of advanced superconducting 10kV system in city center replaces conventional 110kV cables [C] //Applied Superconductivity and Electromagnetic Devices（ASEMD）, 2013 IEEE International Conference on. IEEE, 2013：323-326.

［26］ Bock J, Hobl A, Schramm J. Superconducting Fault Current Limiters- a new device for future smart grids ［C］//Electricity Distribution (CICED), 2012 China International Conference on. IEEE, 2012: 1-4.

［27］ Hong Z, Sheng J, Yao L, et al. The Structure, Performance and Recovery Time of a 10kV Resistive Type Superconducting Fault Current Limiter ［J］. Applied Superconductivity, IEEE Transactions on, 2013, 23 (3): 5601304.

［28］ Liu X, Sheng J, Cai L, et al. Design and application of a superconducting fault current limiter in DC systems ［J］. Applied Superconductivity, IEEE Transactions on, 2014, 24 (3): 1-5.

［29］ Stemmle M, Merschel F, Noe M, et al. AmpaCity—Advanced superconducting medium voltage system for urban area power supply ［C］//2014 IEEE PES T&D Conference and Exposition. IEEE, 2014: 1-5.

［30］ 黄少良. 电器产品的耐压测试 ［J］. 家用电器, 2008 (7): 76-77.

［31］ 韩晋平, 王晓丰, 马心良, 等. 10kV 架空绝缘导线雷电过电压与防雷综合措施研究 ［J］. 高电压技术, 2008, 34 (11): 2395-2399.

［32］ Goodrich L F, Bray S L. High T c superconductors and critical current measurement ［J］. Cryogenics, 1990, 30 (8): 667-677.

［33］ Amemiya N, Miyamoto K, Banno N, et al. Numerical analysis of AC losses in high T/sub c/ superconductors based on Ej characteristics represented with n- value ［J］. IEEE transactions on applied superconductivity, 1997, 7 (2): 2110-2113.

［34］ 张国民, 林良真. 高温超导带材及线圈的交流损耗 ［J］. 中国科学院研究生院学报, 2006, 23 (5): 713-719.

［35］ 郭志超, 索红莉, 刘志勇, 等. 超导临界电流测量方法与原理 ［J］. 功能材料, 2010, 41 (12): 2041-2044.

［36］ 陈鑫, 诸嘉慧, 周卓楠, 等. 外界磁场对两种 YBCO 超导带材临界电流及 n 值影响分析 ［J］. 电工技术学报, 2012, 27 (10): 1-5.

［37］ Selvamanickam V, Yao Y, Chen Y, et al. The low- temperature, high- magnetic- field critical current characteristics of Zr- added (Gd, Y) $Ba_2Cu_3O_x$ superconducting tapes ［J］. Superconductor Science and Technology, 2012, 25, 12: 125013.

［38］ 王银顺, 戴少涛, 肖立业, 等. YBCO 涂层导体工频下过电流失超特性 ［J］. 中国电机工程学报, 2008, 27 (36): 63-67.

［39］ Jensen K H, Traeholt C, Veje E, et al. Overcurrent experiments on HTS tape and cable conductor ［J］. Applied Superconductivity, IEEE Transactions on, 2001, 11 (1): 1781-1784.

［40］ Baldan C A, Lamas J S, Shigue C Y. Fault current limiter using YBCO coated conductor— The limiting factor and its recovery time ［J］. Applied Superconductivity, IEEE Transactions on, 2009, 19 (3): 1810-1813.

［41］ Wen J, Lin B, Sheng J, et al. Maximum permissible voltage of YBCO coated conductors ［J］. Physica C: Superconductivity, 2014, 501: 14-18.

[42] Yang D G, Song J B, Choi Y H, et al. Quench and recovery characteristics of the Zr-doped (Gd, Y) BCO coated conductor pancake coils insulated with copper and kapton tapes [J]. IEEE Transactions on Applied Superconductivity, 2011, 21 (3): 2415-2419.

[43] 杨晓乐, 李晓航, 张正臣, 等. Bi-2223/Ag 和 YBCO 高温超导带材在交流过电流冲击下的失超及恢复特性研究 [J]. 低温与超导, 2009, 37 (2): 25-31.

[44] Sheng J, Zeng W, Yao Z, et al. Recovery time of high temperature superconducting tapes exposed in liquid nitrogen [J]. Physica C: Superconductivity and its Applications, 2016, 527: 50-54.

[45] Courts S S, Swinehart P R, Yeager C J. A new cryogenic diode thermometer [C] //AIP Conference Proceedings. IOP INSTITUTE OF PHYSICS PUBLISHING LTD, 2002, B: 1620-1627.

[46] Sheng J, Zeng W, Ma J, et al. Study of recovery characteristics of 2nd generation HTS tapes with different stabilizers for resistive type superconducting fault current limiters [J]. Physica C: Superconductivity and its Applications, 2016, 521: 33-37.

[47] 杨晶磊, 胡小方, 伍小平. 低温环境下光纤位移传感器测试系统的实验研究 [J]. 实验力学, 2002, 17 (1): 55-61.

[48] Schmidt W, Gamble B, Kraemer H P, et al. Design and test of current limiting modules using YBCO-coated conductors [J]. Superconductor Science & Technology, 2009, 23 (1): 014024.

[49] Noe M, Hobl A, Tixador P, et al. Conceptual design of a 24kV, 1kA resistive superconducting fault current limiter [J]. IEEE Transactions on Applied Superconductivity, 2012, 22 (3): 5600304.

[50] Wen J, Lin B, Sheng J, et al. Research on Endurable Electrodynamic Force of YBCO Coated Conductors During Quenching Process [J]. Journal of Superconductivity and Novel Magnetism, 2014, 27 (5): 1195-1199.

[51] Takao T, Koizuka S, Oi K, et al. Characteristics of Compressive strain and superconducting property in YBCO coated conductor [J]. Applied Superconductivity, IEEE Transactions on, 2007, 17 (2): 3517-3519.

[52] Zhang M, Kvitkovic J, Pamidi S V, et al. Experimental and numerical study of a YBCO pancake coil with a magnetic substrate [J]. Superconductor Science & technology, 2012, 25 (12): 125020.

[53] Cheggour N, Hampshire D P. A probe for investigating the effects of temperature, strain, and magnetic field on transport critical currents in superconducting wires and tapes [J]. Review of Scientific Instruments, 2000, 71 (12): 4521-4530.

[54] Li S, Sun H, Chen Y, et al. A Study of Surface Flashover and Breakdown Characteristics in Liquid Nitrogen for SFCL Application [J]. 2014, 24 (3): 1-5.

[55] 王银顺. 超导电力技术基础 [M]. 北京: 科学出版社, 2011.

[56] Liu X, Sheng J, Cai L, et al. Design and application of a superconducting fault current limiter in DC systems [J]. Applied Superconductivity, IEEE Transactions on, 2014, 24 (3): 1-5.

[57] Colangelo D, Dutoit B. MV power grids integration of a resistive fault current limiter based on HTS-CCs [J]. IEEE Transactions on Applied Superconductivity, 2013, 23 (3): 5600804.

[58] Martini L, Bocchi M, Ascade M, et al. Live-grid installation and field testing of the first Italian superconducting fault current limiter [J]. IEEE Transactions on Applied Superconductivity, 2013, 23 (3): 5602504.

[59] Chen Y, Li S, Sheng J, et al. Experimental and numerical study of co-ordination of resistive-type superconductor fault current limiter and relay protection [J]. Journal of superconductivity and novel magnetism, 2013, 26 (11): 3225-3230.

第 6 章

其他类型超导限流器分析

除应用较广的前述饱和铁心型、电阻型超导限流器外，桥路型、磁屏蔽型、有源型、三相电抗器型等类型超导限流器也被广泛研究，本章将对这几类限流器进行分析[1,2]。

6.1 桥路型超导限流器

随着功率电子技术的发展，多种类型的功率电子式限流器被相继提出，其中尤为突出的是结合了超导技术的桥路型超导限流器。

桥路型超导限流器经过不断演化，发展出了多种不同的结构模式。根据拓扑结构和运行的不同特点，基本桥路型超导限流器可以归纳为二极管型、晶闸管型、纯 MOSFET 型、可投切限流电阻型和双线圈晶闸管型等 5 种主要类型。

基本二极管桥路型和纯 MOSFET 桥路型只能限制暂态电流，不能限制稳态电流，需要配合断路器一起使用。基本晶闸管桥路型能限制暂态及稳态故障电流，但故障后需长达 10ms 响应时间。可投切限流电阻桥路型对限流器装置的散热要求较高。双线圈晶闸管桥路型增大了装置体积。

各种基本桥路型超导限流器，既有其突出优点，又有其不利因素。研究人员为充分发挥桥路型超导限流器的优势，克服其技术缺陷，对其进行了一系列改进和创新，提出了多种新型的桥路型超导限流器结构。本节将先以有偏置源型二极管桥路型超导限流器为例对基本桥路型超导限流器原理进行分析，然后在此基础上介绍电阻辅助型、互感型等改进桥路型超导限流器的结构与特点，最后聚焦新型全控桥路型超导限流器的研究[3,4]。

6.1.1 基本桥路型超导限流器分析

有偏置源型二极管桥路型超导限流器是一种基本桥路型超导限流器，由美国的 LANL 公司和西屋电力公司于 1983 年最初提出。该型超导限流器由二极管桥路 $VD_1 \sim VD_4$、超导线圈 L_{SC} 和直流偏压源 V_{DC}（向超导线圈提供偏流 i_0）组成，如图 6.1 所示[5]。

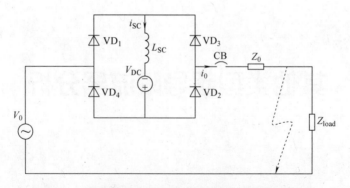

图6.1 有偏置源型二极管桥路型超导限流器电路图

其中，断路器 CB 用于开断被降低的短路故障电流，四个整流二极管（$VD_1 \sim$ VD_4）构成全波整流桥，V_0 为系统电源，Z_0 和 Z_{load} 分别为系统阻抗和负载阻抗，V_{DC} 为超导线圈的直流偏压电源。直流偏压电源为超导线圈提供直流偏流，平衡二极管的导通压降，减少回路中的谐波，补偿由二极管引起的损耗。V_{DC} 的最小值要高于一对二极管 VD_1 与 VD_4 或 VD_2 与 VD_3 的导通压降，但为了避免超导线圈失超，偏压产生的直流偏流不能大于超导线圈的失超临界电流。

当系统发生如图6.1箭头所示的短路故障时，因故障电流前几个峰值为变量，超导线圈两端电压很大，使得电流波形对称性发生变化。故障电流的正半波流经 VD_1、超导线圈和 VD_2，负半波流经 VD_4、超导线圈和 VD_3。超导线圈被自动串入回路中，其电感对故障电流前几个峰值起限制作用。

设正常运行时负载电流 $i_0 = \sqrt{2}I_0\sin\omega t$，调整直流偏压电源 V_{DC} 使其产生的流经超导线圈的直流 I_{SC} 大于负载电流峰值 $\sqrt{2}I_0$。因 VD_4 与 VD_1、VD_2 与 VD_3 均匀分流，A、B 两点等电位，各二极管分别流过 V_{DC} 提供的直流的一半，故正常态时任何瞬间均有

$$i_{D1} = i_{D2} = \frac{I_{SC}}{2} + \frac{\sqrt{2}}{2}I_0\sin\omega t \tag{6-1}$$

$$i_{D3} = i_{D4} = \frac{I_{SC}}{2} + \frac{\sqrt{2}}{2}I_0\sin(\omega t - \pi) \tag{6-2}$$

$$i_0 = i_{D1} - i_{D4} = i_{D2} - i_{D3} \tag{6-3}$$

$$i_{SC} = i_{D1} + i_{D3} = i_{D2} + i_{D4} = I_{SC} \tag{6-4}$$

可见四个二极管同时导通，i_0 经 VD_1 与 VD_3、VD_4 与 VD_2 分两路流通而不经过超导线圈，超导线圈不起作用。当系统发生短路故障时，即故障短路电流峰值急剧增大到 I_0 后，VD_1 与 VD_2、VD_3 与 VD_4 轮流导通，故障短路电流自动流经超导线圈，超导线圈接入系统中起储能作用又对短路电流前几个峰值起限流作用。

假定短路故障发生在负载电流 i_0 过零瞬间，二极管为理想状态。由基尔霍夫电压定律得到

$$V_{\mathrm{m}}\sin\omega t + V_{\mathrm{DC}} = L_{\mathrm{SC}}\frac{\mathrm{d}\,i_{\mathrm{SC}}}{\mathrm{d}t} \tag{6-5}$$

式中，V_{m} 为相电压的幅值。由式（6-5）得

$$\mathrm{d}i_{\mathrm{SC}} = \frac{1}{L_{\mathrm{SC}}}(V_{\mathrm{m}}\sin\omega t + V_{\mathrm{DC}})\mathrm{d}t \tag{6-6}$$

对式（6-6）积分得

$$i_{\mathrm{SC}}(t) = \frac{1}{L_{\mathrm{SC}}}\Big[-\frac{V_{\mathrm{m}}}{\omega}\cos\omega t + \frac{V_{\mathrm{m}}}{\omega} + V_{\mathrm{DC}}t + A\Big] \tag{6-7}$$

因为 $i_{\mathrm{SC}}(0) = I_{\mathrm{SC}}$，所以 $A = L_{\mathrm{SC}}I_{\mathrm{SC}}$，则

$$i_{\mathrm{SC}}(t) = I_{\mathrm{SC}} + \frac{V_{\mathrm{m}}}{\omega L_{\mathrm{SC}}}(1-\cos\omega t) + \frac{V_{\mathrm{DC}}}{L_{\mathrm{SC}}}t \tag{6-8}$$

可见，短路发生后，故障电流由于超导线圈电感 L_{SC} 的限制而缓慢增加。

总结有偏置源型二极管桥路型超导限流器的优点有：①在故障发生时超导线圈不失超，不存在动作响应，配合其他限流器件可将故障电流峰值抑制在临界电流以内，避免失超恢复的影响，适用于自动重合闸运行；②正常态运行时，超导线圈工作在直流下，没有交流损耗；③正常运行时装置压降小，不会引起电力系统谐波；④没有铁心，装置较轻且费用低；⑤可以调节故障电流的缩减率。

其缺点也很明显，如不配合其他限流器件使用，则无法限制故障电流的稳态值，原因在于超导电感不断被短路电流励磁，最终使得超导电感上的电流等于短路电流的稳态值。此外，在系统正常运行期间，超导线圈上始终要流过大于主线路电流峰值的直流电流，导致超导线圈电流引线上的损耗较大。

6.1.2　电阻辅助型桥式超导限流器的结构与特点

上述有偏置源型二极管桥路型超导限流器，在故障发生的瞬间将超导线圈接入电路，利用超导线圈的电感限定故障电流，但由于电感是储能元件，在直流电路中，它只能抑制故障电流上升的速率及故障电流的瞬时峰值，不能限制故障电流的稳态值。在该类型超导限流器的基础上，引入辅助电阻 R，利用电感和电阻结合进行限流则既可以抑制故障电流的上升速率，也可以降低故障电流的稳态值，这种类型限流器称为电阻辅助型超导限流器，其工作原理如图 6.2 所示，其中超导线圈 L_{SC} 与限流辅助电阻 R 及其投切开关管 S 组成的并联电路串联。

正常态时，开关管 S 导通，与之并联的辅助电阻 R 被短路，二极管 VD_1、

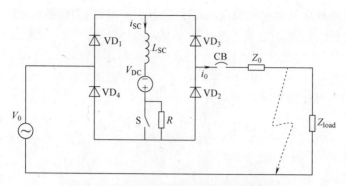

图 6.2　电阻辅助型超导限流器原理图

VD_3 和 VD_2、VD_4 分别处于正偏或续流状态而导通。故障发生后，超导线圈 L_{SC} 自动串入电路来抑制故障电流的上升。当系统检测到故障后，控制开关管 S 断开，辅助电阻 R 串入电路和超导线圈 L_{SC} 一起限流。

从具体限流过程来看，当故障电流瞬时值增大到和电感电流的瞬时值相等时，线路电流峰值的上升趋势首先被超导电感所限制，而周期性的线路电流的稳态值在限流电阻串入后被限流电阻和限流电感共同限制。这样避免了普通桥式高温超导限流器故障后短路电流持续增加的问题，更加有利于系统延时切断短路电流。

需要指出的是，开关管 S 是通过控制器实现通断的，采用不同的故障判定方法、不同故障电流判定阈值，可以产生不同的控制效果，对故障线路产生不同的限流作用。

电阻辅助型桥式超导限流器的主要优点在于既限制故障电流暂态峰值，又限制故障电流的稳态值。辅助限流电阻的投入，延长了超导限流器的有效限流时间，和可控桥路型超导限流器相比，减少了被控制开关管的个数、降低了限流器的制造成本和控制难度。和失超型高温超导限流器相比，故障电流主要消耗在限流电阻上，大大降低了对制冷系统的功率要求。

由于电阻辅助型桥式超导限流器同时采用了超导体和常规导体限流，为避免常规导体在限流过程中产生的热量对超导体的低温工作环境产生影响，电阻辅助型桥式超导限流器对装置的散热要求较高，从而增加了设计难度[2]。

6.1.3　互感型桥式超导限流器的结构与特点

在上述两种桥式超导限流器中，只有当电路电流增大到超导线圈电流时，超导线圈才自动投入电路中限流，因此，限流效率不高。同时，在高电压系统中，往往需要多个开关管串联组成桥路，且串联的开关管必须进行均压控制，而均压控制难度较大。为了提高超导限流器的限流能力，减小开关管的均压难度，研制高电压、大电流超导限流器，研究人员提出了互感型方案。

互感型桥式超导限流器的电路结构如图 6.3 所示。在一般桥路型超导限流器的桥臂上串入互感器 Tr（普通互感器或超导互感器均可），互感器的两个绕组 L_w 和超导线圈 L_{SC} 呈星形联结，两个绕组的同名端反向连接。

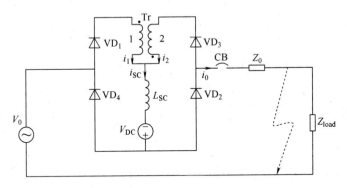

图 6.3　互感型桥式超导限流器电路结构图

电路正常工作时，二极管 $VD_1 \sim VD_4$ 分别处于正偏或续流状态而导通，整流桥对电网造成的电压跌落很小，互感绕组对稳态线路的影响可以通过优化其电感来加以消除，分析如下。

超导线圈 L_{SC} 电流 i_{SC} 为 $i_{SC} = i_1 + i_2$，i_1 和 i_2 分别是两个互感绕组上的电流。在线路正常工作稳态时，互感绕组的电流可分别表示为

$$\begin{cases} i_1 = \dfrac{i_{SC}}{2} + i_{ac} \\[2mm] i_2 = \dfrac{i_{SC}}{2} - i_{ac} \end{cases} \tag{6-9}$$

式中，$\dfrac{i_{SC}}{2}$ 和 i_{ac} 分别表示互感绕组中电流的直流分量和交流分量，且 i_{ac} 可表示为 $i_{ac} = I_w \cos\omega t$，$I_w$ 是互感绕组电流交流分量的幅值。

假定超导线圈 L_{SC} 和互感绕组 L_w 的电感满足 $L_{SC} \gg L_w$，则互感绕组的交、直流分量的关系为

$$I_w \ll \frac{I_{SC}}{2} \tag{6-10}$$

这时，互感绕组的交流分量可以忽略，互感绕组上的电压

$$\begin{cases} U_1 \approx 0 \\ U_2 \approx 0 \end{cases} \tag{6-11}$$

所以，互感绕组对线路的影响是可以忽略的，即互感型超导限流器和基本二极管型桥式超导限流器一样，对电路造成的稳态影响很小，线路电流 i_0 的波形

畸变较小。

　　故障发生之后，超导线圈电感 L_{SC} 和互感绕组 L_w 自动投入来限制故障电流的上升速度，互感绕组 L_w 一直串入其所在桥臂，限制其电流变化，而超导线圈 L_{SC} 则是周期性地投入电路限流。互感型超导限流器的电流随线路电流的极性而发生相应的改变，在故障电流到来时，I_w 将大幅度迅速增加，这时，电流 i_1 和 i_2 的变化趋势相反，同时互感绕组的极性相反，所以互感绕组的互感有助于限制故障电流。

　　随着限流过程的进行，作为储能元件的超导电感和互感绕组，其限流能力将逐渐减小。互感绕组的存在，使得超导限流器限流能力的下降速度延缓。为了进一步提高互感型超导限流器的限流能力，对互感型超导限流器的电路原理图（图6.3）进行改进，用可关断晶闸管等可控管 T_1 和 T_4 分别代替二极管 VD_1 和 VD_4，如图6.4所示为改进后的电路原理图。在故障发生后，通过控制 VT_1、VT_4 的导通角，从而控制互感绕组和超导磁体的充电时间，延长超导限流器的限流时间。

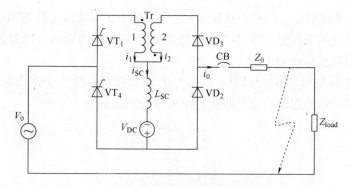

图6.4　可控互感型超导限流器的电路原理图

　　互感型超导限流器为了提高超导线圈的限流能力，在桥路中引入了辅助电感，其主要优点在于能够限制故障电流峰值，并对故障电流的稳态值有一定的限制作用。互感绕组的引入，不但限制了电流的变化速度，降低了多开关管串联使用的难度，而且，在故障发生初期和故障过程中，互感绕组和超导磁体电感相配合，提高了限流器的限流能力。故障过程中，超导电感不失超，有利于实现自动重合闸。

　　可控互感型超导限流器在桥路中采用开关管，通过控制可以延长超导磁体电感串入线路的时间，从而增大故障电路的阻抗，提高限流器的限流能力。互感绕组可以减小限流器对线路电流的影响，减小稳态和故障态线路电流的波形畸变。互感型超导限流器的主要缺点是结构比较复杂，互感绕组的引入可能造成一定的线路电压降落[3,6,7]。

6.1.4　全控混合桥式超导限流器分析

基于传统桥路型超导限流器的工作特点及其优缺点，全控混合桥式超导限流器方案被提出。与传统可控桥式超导限流器不同，全控混合桥式超导限流器的结构中采用功率场效应晶体管和功率二极管混合使用的方式构成整流桥，整流桥交流侧两端连入供电系统，其直流侧与超导线圈相连接[8-13]。

以电子科技大学研究人员提出的一种新型全控混合桥式超导限流器为例进行分析，该方案下的电路拓扑结构如图 6.5 所示。图中，功率场效应晶体管 K_1 支路、K_2 支路、K_3 与功率二极管 VD_3 的串联支路、K_4 与 VD_4 的串联支路，分别为构成整流桥的四支桥臂。限流器串联进入供电系统，CB 为断路器，Z_0、Z_{load} 分别表示系统阻抗和负载阻抗，V_0 为单相电源电压。电力系统中若发生大电流故障，控制系统通过控制限流器整流桥中的场效应晶体管使限流器及时切换工作状态，增大限流器阻抗以限制故障电流的峰值[13]。

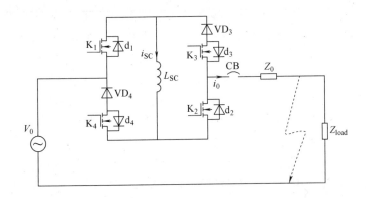

图 6.5　全控混合桥式超导限流器系统的拓扑结构图

全控混合桥式超导限流器与一般桥式超导限流器类似，需要在系统无故障情况下对系统几乎无影响；系统发生负载短路故障时，立刻呈现一个大阻抗，起到限流效果，具体实现过程分析如下。

如图 6.5 中所示，限流器正常运行时，只导通功率场效应晶体管 K_3、K_4，流过超导线圈的电流 i_{SC} 近似为直流，除系统电流峰值附近外超导线圈上的电流都大于系统线路电流 i_0。超导线圈通过功率场效应晶体管 K_1、K_4、功率二极管 VD_4 回路及 K_2、K_3、功率二极管 VD_3 回路不断进行充磁和释能过程，从而使整流桥路全导通，全控混合桥式超导限流器此时对系统呈现出的阻抗非常小、两端电压非常低，此时加入该限流器对系统几乎无影响。

在系统发生短路故障时，系统电流迅速增大，当系统正向电流增大到线圈电流时，K_3、K_4 所在两条支路不再有电流流过（或系统负向电流绝对值增大到线圈电流时，K_1、K_2所在两条支路不再有电流流过），超导线圈相当于串入系统开始限制暂态故障电流。当系统电流绝对值大于控制系统设定的一定值后，通过控制导通场效应晶体管 K_1、K_2 并关断场效应晶体管 K_3、K_4，则故障电流流过场效应晶体管 K_1、K_2 和超导线圈所在回路，此时超导线圈与两个场效应晶体管 K_1、K_2 串入系统，使限流器等效为一个限流大阻抗，进而限制故障稳态电流。

全控混合桥式超导限流器的工作状态可由限流器中场效应晶体管的工作状态等效代替，见表 6.1，包括系统无故障时限流器正常运行和系统故障时限流器进行限流两种稳定状态。其中 0 表示功率场效应晶体管关断，1 表示功率场效应晶体管导通。除此之外，该限流器在状态相互转换之间还有相应的过渡态。

表 6.1　限流器中场效应晶体管的状态

	K_1	K_2	K_3	K_4
正常工作	0	0	1	1
故障状态	1	1	0	0

影响全控桥式超导限流器特性的因素有功率开关器件自身等效电阻及导通压降、超导限流线圈的感抗以及功率开关器件的响应时间、控制电路的信号传输时间等。限流器中功率器件的电阻和压降越低，限流器的等效电阻就越小，其两端的电压就越低，对系统的影响就越小。器件响应时间和控制电路信号传输时间越短，限流器进行限流状态的切换时间就越短，系统在故障后产生的最大冲击电流就会减小，对系统和限流器装置的冲击和毁坏性可能就减小，有利于系统安全。对于特定容量的系统，设计合理大小的限流线圈感抗值，不仅有利于减小成本和控制系统的谐波率，更有利于保护故障后的系统，以免发生灾难性的事故。

相比于传统桥式超导限流器，全控混合桥式超导限流器具有结构简单、成本低、响应快，能有效限制暂态及稳态故障电流，系统及限流器自身能实现自保护等明显优点。电力系统中，限流器对于故障的响应速度越快越好，全控混合桥式超导限流器方案的响应速度可达到微秒级别。当系统发生短路故障时，全控混合桥式超导限流器不切断系统，允许发生故障的系统继续运行短暂的时间，以便短时间持续或瞬时性的短路故障自动清除或消失后，限流器转换到正常运行状态以及系统迅速地恢复到正常供电。由于不需要偏置电源，全控混合桥式超导限流器的结构得到简化，系统可靠性提高，设备成本降低、体积减小、重量减轻[13-19]。

6.2　磁屏蔽感应型超导限流器

磁屏蔽感应型超导限流器由铁心、一次常规导体绕组、二次超导体绕组以及为超导体绕组提供低温环境的低温结构等四部分组成。该型限流器好比是二次绕组被短接的变压器，所不同的是，这里的二次绕组由块状超导体制造。系统在正常工作时，一次绕组在铁心里产生磁通，但该磁通被二次超导绕组中产生的感应电流形成的磁通抵消，于是铁心相当于被屏蔽，铁心中的净磁通理论上为零。在这种状态下，一次绕组的有效阻抗很小，与二次绕组短路的变压器的净阻抗等效。电路发生故障后，由于较大的故障电流使得超导体失超，超导筒的屏蔽效应失去，失超下的超导体中的净电流只是一次绕组中故障电流的一小部分，因而铁心中的净磁通大大增加。铁心中迅速建立的大磁通提高了一次绕组的阻抗值，使其达到预设的高电压，使故障电流得到控制。

该型限流器的主要优点是二次绕组（超导筒）是短接的，因此不需要电流引线，降低了功率损耗，且不需极细的超导丝，只要一个不太长的超导管，工艺上易于实现[20]。

6.2.1 磁屏蔽感应型超导限流器工作原理

一般磁屏蔽感应型超导限流器的结构如 6.6 所示，它由铁心、一次铜绕组、二次超导屏蔽筒和冷冻箱构成。铜绕组串接在输电线路中，正常运行时，超导筒内的感应电流小于它的临界电流，超导筒处于超导态，从而屏蔽铜绕组产生的磁通，装置的阻抗仅由一次铜绕组与二次超导屏蔽筒之间的漏磁决定，阻抗很小。短路故障时，超导筒内电流超过其临界电流值，超导体进入正常态，一方面，磁通穿过铁心，引起铜绕组的电感突然上升，另一方面，突然增大的超导筒电阻也折算到一次侧，从而使得限制器的阻抗急骤上升，达到限制短路电流的目的。

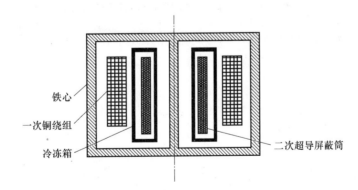

图 6.6 磁屏蔽感应型超导限流器结构示意图

在磁屏蔽感应型超导限流器中，电压、电流、阻抗关系可表示为

$$\begin{cases} R_1 i_1 + L_1 \dfrac{\mathrm{d}i_1}{\mathrm{d}t} + M \dfrac{\mathrm{d}i_2}{\mathrm{d}t} = u_1 \\[2mm] R_2 i_2 + L_2 \dfrac{\mathrm{d}i_2}{\mathrm{d}t} + M \dfrac{\mathrm{d}i_1}{\mathrm{d}t} = 0 \end{cases} \qquad (6\text{-}12)$$

式中，i_1、R_1、L_1 分别为一次铜绕组的电流、电阻和自感，i_2、R_2、L_2 分别为二次超导筒的电流、电阻和自感，M 为铜绕组和超导筒的互感，u_1 为一次铜绕组两端的电压。

设铜绕组、超导筒和铁心的半径分别为 r_1、r_2、r_{core}，铜绕组和超导筒的高度为 h，真空磁导率为 μ_0，铁心的相对磁导率为 μ_r，线圈匝数为 N，当发生短路故障，超导筒失超时，铜绕组和超导筒的自感和互感的转变为

$$\begin{cases} L_1 = \dfrac{\pi \mu_0 N^2}{h}[r_1^2 + (\mu_r - 1)r_{core}^2] \\[2ex] L_2 = \dfrac{\pi \mu_0}{h}[r_2^2 + (\mu_r - 1)r_{core}^2] \\[2ex] M = \dfrac{\pi \mu_0 N}{h}[r_2^2 + (\mu_r - 1)r_{core}^2] \end{cases} \tag{6-13}$$

实际上，此时的限流器相当于一个铁心变压器，可以采用含理想变压器的模型来等效，如图 6.7 所示。

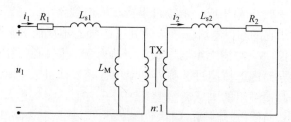

图 6.7　磁屏蔽感应型超导限流器等效电路

图中，TX 为理想变压器，L_{s1} 为铜绕组的漏感，L_{s2} 为超导筒漏感，L_M 为互感引起的等效电感，R_1 为一次铜绕组的电阻，R_2 为二次超导筒的电阻，其关系可表达为

$$\begin{cases} L_{s1} = \dfrac{\pi \mu_0 N^2}{h}(r_1^2 - r_2^2) \\[2ex] L_M = \dfrac{\pi \mu_0 N^2}{h}[r_2^2 + (\mu_r - 1)r_{core}^2] \\[2ex] L_{s2} = 0 \end{cases} \tag{6-14}$$

铜绕组的漏感 L_{s1} 是铜绕组与超导筒的漏磁通产生的自感，超导筒的漏感 $L_{s2} = 0$，表明穿过超导筒的磁通几乎都要穿过铜绕组。工作时，将负载与一次铜绕组串联，正常状态下，超导筒的电流小于其临界电流，处于超导态，从而屏蔽铜绕组产生的磁通，筒内无磁通通过，此时相当于图 6.7 中的 L_M 被短接，而超导筒的电阻 R_2 也为 0，磁屏蔽感应型超导限流器的阻抗仅由铜绕组的电阻和铜绕组的漏感 L_{s1} 决定，非常小，对电网的运行影响很小。

若负载短路，超导筒将因感应电流超过临界值，失超转入正常态，超导筒的电阻 R_2 将不为 0，超导筒失去屏蔽作用，此时相当于 L_M 的短接线断开，模型电路完整地接入系统中，限制短路电流。

6.2.2　磁屏蔽感应型超导限流器工作要求

磁屏蔽感应型超导限流器的工作要求，主要围绕其核心部件超导筒的工作状态展开。首先，超导筒必须具有一定热动效应的机械强度，其次，需要满足不同工作状态下的电力要求。从工作原理和工作过程来看，超导筒有四种工作状态，分别是：①正常运行的超导态；②失超过渡态；③有阻态；④故障消除后超导恢复态。下面对以上四种工作状态下超导筒的工作要求进行分析。

（1）对于稳定正常运行时，超导筒表层必须传输感应电流，以抵消主绕组（一次铜绕组）产生的磁通，从而起到屏蔽铁心的作用。为了避免受热不均而导致整个超导体失超，临界电流密度必须具备高均匀性，截面积必须满足传输电流的大小。另外，超导筒的交流损耗需要低到可接受的范围。

（2）失超的瞬间是绝热的，超导体的温度和电阻迅速上升，如果温度超过超导体的熔点，超导体有可能被烧毁，发生不可逆的破坏。

（3）对于限流状态，超导体肯定存在最大电阻值，一旦达到这一最大值，主绕组的电抗不再增加，但是热负荷将减小。

（4）恢复过程取决于材料的厚度和超导体与冷却液之间的焓差。

分析表明，超导体的临界电流越高，表面积越大，垂直磁通方向的横截面尺寸越小，且具有一定机械强度和电绝缘衬底的超导体，更能满足上述要求。

6.2.3　磁屏蔽感应型超导限流器设计要素

由磁屏蔽感应型超导限流器超导筒的特殊工作要求以及超导材料特性，在进行设计制造时，需注意综合考虑超导筒临界屏蔽场、铁心特性、限制阻抗、正常阻抗、交流损耗以及恢复时间等设计要素，以下对各设计要素进行逐一分析。

（1）临界屏蔽场　磁屏蔽感应型超导限流器可近似当作无限长螺旋管进行计算，超导筒所能屏蔽的最大磁感应强度 B_p 称为临界屏蔽场，当磁感应强度大于这一值时，超导筒失超，失去屏蔽作用，B_p 与主绕组和超导筒的特征有关，B_p 的计算表示如下

$$B_p = \mu_0 J_c \delta = \mu_0 \left(\frac{N}{l}\right) \sqrt{2} I_{lim} \tag{6-15}$$

式中，δ 为超导筒的厚度；μ_0 为真空磁导率；J_c 为超导体临界电流密度；N 为主绕组的匝数；l 为线圈的长度；I_{lim} 为限制电流。

（2）铁心特性　根据法拉第定律，超导筒的电压与铁心参数的关系如下：

$$\sqrt{2}V = 2\pi f\, B_s KAN \tag{6-16}$$

式中，B_s 为饱和磁感应强度；K 为耦合系数；A 为铁心的截面积；N 为线圈匝数。

由式（6-15）和式（6-16）即可求得铁心的结构尺寸。

（3）限制阻抗 超导筒的电感计算如下

$$\omega L_2 = 2\pi f K\, \mu_r\mu_0 A\, N^2 /1 \tag{6-17}$$

式中，L_2 为超导筒的电感；f 为电源频率；$\mu_r\mu_0$ 为铁心的磁导率。

当超导筒和一次绕组的电阻足够小，可以忽略不计，只考虑超导筒的电感时，则有

$$\omega L_2 = |V/I_{\lim}| \tag{6-18}$$

考虑式（6-15）和式（6-16），则

$$\omega L_2 = 2\pi f K \mu_0 (B_s /B_p) A\, N^2 /l \tag{6-19}$$

为了保证铁心不被磁化饱和，相对磁导率 μ_r 取 B_s /B_p。

（4）正常阻抗 超导筒正常阻抗由电抗部分与电阻部分构成，并要求尽可能的小。电抗部分由一次绕组和超导筒之间的空气隙产生的漏磁决定。电阻部分由一次绕组的电阻，以及漏磁产生的铁心损耗决定。通过控制设计参数，使电阻分量和电抗分量降低，以达到设计要求。

（5）交流损耗 正常情况下，由于铁心中没有磁通，因而它没有铁心损耗。其交流损耗仅由超导体引起，根据临界状态的毕恩模型，表面的磁场是渗透磁场的一半，因此不难得到，在正常情况下限制电流为正常电流的 2 倍时，超导体的交流损耗为

$$P_{ac} = \gamma \left(\frac{2}{3}\right)\left(\frac{1}{\mu_0^2}\right)\left(\frac{B_p^2}{8\, J_c}\right)\pi D\, L_2 f \tag{6-20}$$

式中，γ 为冷凝效率；D 为铁心的直径。

（6）恢复时间 磁屏蔽感应型超导限流器的一个重要特征是响应时间快，磁力线一旦进入铁心，限流作用马上开始。这意味着，磁屏蔽感应型超导限流器不需要超导筒完全进入正常态就能进入有效的限流。

从起始温度 ΔT_0 开始，温度上升，温度差 ΔT 随时间 t 的变化关系的经验公式为

$$\Delta T = \frac{4\beta t}{C_v \delta} + \frac{1}{\Delta T_0^2} \tag{6-21}$$

式中，C_v 为比热容，约为 $1\mathrm{J/cm^3\,K}$；ΔT 为温度差；ΔT_0 为初始温度；t 为时间；β 取 $0.0137\mathrm{W/cm^2\,K^3}$，表示温度差低于 10K；$\delta$ 为超导筒的厚度。

对于初始温升 10K、不同厚度的超导筒，温升变化曲线如图 6.8 所示[20-25]。

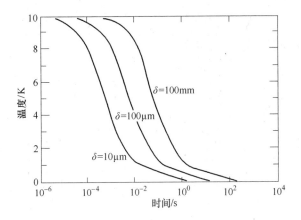

图 6.8 不同厚度超导筒恢复时间与温升关系曲线

6.2.4 磁屏蔽感应型超导限流器改进设计

普通磁屏蔽感应型超导限流器在大电流短路故障时，左、中、右三腿的铁心都会迅速达到饱和，使得磁阻接近于无限大，导致限流阻抗急剧下降，达不到稳定限制大短路电流的目的，因此研究人员陆续提出磁屏蔽感应型超导限流器的改进设计。

Sokolovsky 等人提出，在中间铁心上增加了一段空气隙，有助于阻止大电流时限流阻抗急剧下降，但不能减小失超恢复时间。TaeKukKo 等人为减小失超恢复时间，在铁心上增加了限流铜环的设计，但没有空气隙，因此这种设计在大电流时依然会使铁心饱和，引起限流阻抗急剧下降，因而不能稳定限制大短路电流。综合以上两种改进设计，湖南大学张晚英等人提出综合改进型设计，即同时增加空气隙和限流铜环。这样，在大短路电流时，不会引起铁心饱和，不会出现限制阻抗急剧下降的现象，而且可减小失超恢复时间。

改进的磁屏蔽感应型超导限流器原理图如图 6.9 所示，铜绕组串接在输电线路中，正常运行时，超导筒内的感应电流小于它的临界电流，处于超导态，从而屏蔽铜绕组产生的磁通。由于空气隙的磁阻很大，磁通的路径主要经由没有空气隙的铁心右腿（第三腿），因而限流铜环在正常运行时的阻抗非常小，可以忽略不计，装置的阻抗仅由一次铜绕组与二次超导筒之间漏磁产生的电抗和一次铜绕组的电阻组成，总阻抗小。

短路故障时，超导筒内电流超过临界电流值，超导体进入正常态。一方面，磁通穿过铁心，引起铜绕组的电感突然上升，突然增大的超导筒电阻折算到一次侧；另一方面，限流铜环因磁通增大，其阻抗也相应增大，也反映到一次侧，使得一次侧的阻抗进一步增大。在失超恢复过程中，因限流铜环的分流作用，

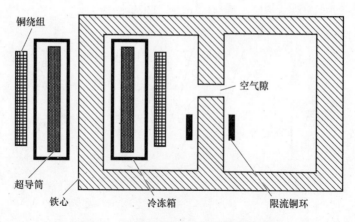

铜绕组

空气隙

超导筒

铁心　　　　　　　冷冻箱　　　　　　限流铜环

图 6.9　改进的磁屏蔽感应型超导限流器

使超导筒的恢复时间减少。如果磁通的增加没有达到铁心饱和，磁通还是主要
流经没有空气隙的右腿铁心，此时限流铜环的限流阻抗，虽比正常电流时有所
增加，但增加的幅度并不大。

　　如果磁通增加到一定程度，使得有较低饱和磁感应强度的右腿铁心首先达
到饱和，而有较高饱和磁感应强度的左腿铁心和中腿铁心还没有达到饱和，此
时右腿铁心的磁阻急剧上升，甚至超过了有空气隙的中腿铁心，使得大部分磁
通的路径，从右腿改至中腿，而中腿铁心因存在空气隙，使得磁路上的磁阻增
加，大短路电流也难以达到饱和区。限流环的阻抗也将因磁通路径的改变而急
剧上升，反映到一次侧，使得一次侧的阻抗增大。此时如果没有空气隙和限流
铜环，因铁心饱和而使得磁路的磁阻急剧上升，从而引起限流器阻抗急剧下降，
几乎不能限制短路电流。如果不采用空气隙和限流铜环，而要限制大故障电流，
则铁心的尺寸、重量和造价都要大大增加[24-29]。

6.3　电压补偿型有源超导限流器

　　随着现代控制技术的进步、电力电子器件价格和功耗的降低、高温超导材
料性能的提高，集合现代控制理论、电力电子器件和超导材料等多学科技术的
有源型超导限流器的研究逐渐受到重视，电流补偿型、超导储能-限流型、电压
补偿型等多种有源型超导限流器结构相继被提出。

　　电流补偿型有源超导限流器由超导储能电感、变流器、限流电阻及常规耦
合变压器组成，如图 6.10 所示。在系统正常运行时，调节变流器交流侧的输出
电流 I_p，使其同变压器二次侧电流 I_2 保持一致，此时限流电阻 R 上无电流通过，
相当于变压器二次侧线圈被旁路，装置对系统影响较小。在发生故障后（负载
Z_2 被短路），系统主电流 I_1 迅速增加，I_2 相应也要上升，其超出 I_p（I_p 保持不变）

的补偿部分将会转移到限流电阻 R 上，相当于 R 立刻投入进行故障限流。

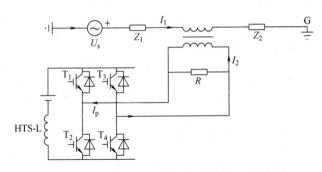

图 6.10　电流补偿型有源超导限流器电路结构图

　　超导储能-限流型有源超导限流器由超导储能线圈、斩波器、变流器及限流电抗器组成，如图 6.11 所示。当线路处于正常运行时，调节变流器输出的交流电压，使其完全补偿限流电抗器 L 的电压，超导限流器的输出电压为零，装置对系统运行没有影响。在发生短路故障后，线路主电流 I_1 将会迅速增加，限流电抗器 L 上的电压将超过变流器输出电压的补偿值，电感 L 自动投入进行限流操作。

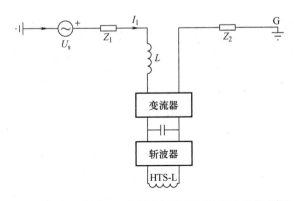

图 6.11　超导储能-限流型有源超导限流器电路结构图

　　上述两种有源型超导限流器均可迅速有效地动作，将故障大电流的峰值和稳态值抑制在可接受的水平。并且，超导储能-限流型在系统正常工作时还能对其进行能量补偿，提高了设备的利用效率。为详细说明有源型超导限流器的技术特点，本节以电压补偿型有源超导限流器为对象进行分析和讨论[30-39]。

6.3.1　电压补偿型有源超导限流器工作原理

　　电压补偿型有源超导限流器的单相拓扑结构如图 6.12 所示，其中 L_{s1} 及 L_{s2} 分别为超导变压器一、二次侧线圈绕组的自感，M_s 为绕组间的互感，$\mathbf{Z}_1$ 和 $\mathbf{Z}_2$ 分别为电源内部阻抗和系统负载阻抗，L_d 和 C_d 用来滤除 PWM 变流器产生的高次谐波。

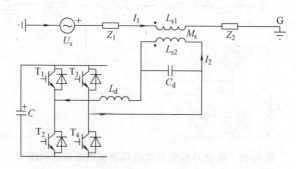

图 6.12　电压补偿型有源超导限流器电路结构图

　　电源电压 U_s、主回路电流 I_1 以及变压器二次侧注入电流 I_2 都会被实时检测，通过检测的电流数据来判断系统处于正常运行或是故障状态。假设忽略超导变压器的电阻损耗，由于 PWM 变流器网侧呈现出受控电源特性，可将其简化成可控电压源 U_p，得到电压补偿型有源超导限流器的单相等效电路结构如图 6.13 所示。

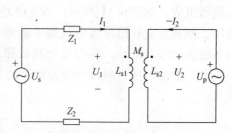

图 6.13　电压补偿型有源超导限流器单相等效电路图

　　在正常运行时，系统中电流电压阻抗相量关系（以下公式中用斜黑体表示相量）满足

$$U_s = I_1(Z_1 + Z_2) + j\omega L_{s1} I_1 - j\omega M_s I_2 \tag{6-22}$$

$$U_p = j\omega M_s I_1 - j\omega L_{s2} I_2 \tag{6-23}$$

　　控制变压器二次侧的注入电流 I_2，使得 $j\omega L_{s1} I_1 - j\omega M_s I_2 = 0$，于是超导变压器一次侧两端电压 U_1 被补偿为零，限流器等效接入系统主回路的阻抗 Z_{SFCL} 为

$$Z_{SFCL} = \frac{U_1}{I_1} = \frac{j\omega L_{s1} I_1 - j\omega M_s I_2}{I_1} = 0 \tag{6-24}$$

　　因此，限流器对系统正常运行无影响。此工况下，变压器二次侧注入电流 I_2 为

$$I_2 = \frac{I_1 L_{s1}}{M_s} = \frac{I_1 \sqrt{\dfrac{L_{s1}}{L_{s2}}}}{k} = \frac{U_s \sqrt{\dfrac{L_{s1}}{L_{s2}}}}{(Z_1 + Z_2) k} \tag{6-25}$$

式中，k 为互感耦合系数，$k = M_s / \sqrt{L_{s1} L_{s2}}$。

　　结合式（6-23）及式（6-25），推出此时变压器二次侧电压 U_2 为

$$U_2 = j\omega \left(k - \frac{1}{k} \right) \sqrt{L_{s1}L_{s2}} I_1 \tag{6-26}$$

若耦合系数 k 不等于1，则 U_2 不等于0，意味着变流器将提供一定功率 S_p 给二次侧线圈，其值可表示为

$$S_p = U_2(-I_2) = j\omega \left(k - \frac{1}{k} \right) \sqrt{L_{s1}L_{s2}} I_1 \left(-\frac{I_1\sqrt{\dfrac{L_{s1}}{L_{s2}}}}{k} \right) \tag{6-27}$$

由式（6-27）可知，在系统正常运行时，变流器将提供一定值的纯感性无功功率给变压器二次侧线圈，其大小与耦合系数 k 的二次方有关。

当系统发生短路故障时（负载阻抗 Z_2 被短接），主电流将会从 I_1 上升至 I_{1f}，此时主回路满足

$$U_s = I_{1f} Z_1 + j\omega L_{s1} I_{1f} - j\omega M_s I_2 \tag{6-28}$$

变压器一次侧的电压将上升至 U_{1f}，限流器呈现的等效限流阻抗 Z_{SFCL} 则可表示为

$$Z_{SFCL} = \frac{U_{1f}}{I_{1f}} = \frac{j\omega L_{s1} I_{1f} - j\omega M_s I_2}{I_{1f}} = j\omega L_{s1} - \frac{j\omega M_s I_2 (Z_1 + j\omega L_{s1})}{U_s + j\omega M_s I_2} \tag{6-29}$$

可知，故障发生后通过调节 I_2 的幅度和相位，可以控制限流阻抗 Z_{SFCL}，从而改变短路电流的大小，实现限流目的。针对 I_2 调节目标的不同，限流器有三种工作模式。

（1）模式一：I_2 保持不变

由式（6-25）可知

$$j\omega M_s I_2 = j\omega L_{s1} I_1 = j\omega L_{s1} \frac{U_s}{Z_1 + Z_2} \tag{6-30}$$

结合式（6-29）及式（6-30），模式一的限流阻抗为

$$Z_{SFCL1} = Z_2 \frac{j\omega L_{s1}}{Z_1 + Z_2 + j\omega L_{s1}} \tag{6-31}$$

从而变流器的输送功率为

$$S_{p1} = j\omega \left[\frac{1}{k^2} - \frac{Z_1 + Z_2 + j\omega L_{s1}}{Z_1 + j\omega L_{s1}} \right] L_{s1} I_1^2 \tag{6-32}$$

（2）模式二：I_2 的相位不变，幅度降低

假设 I_2 的幅值降至 $bI_1 L_{s1}/M_s$ $(0 \leqslant b < 1)$，代入式（6-29）可知模式二的等效限流阻抗为

$$Z_{SFCL2} = \frac{[(1-b)Z_1 + Z_2]j\omega L_{s1}}{Z_1 + Z_2 + bj\omega L_{s1}} \tag{6-33}$$

此模式下变流器的输送功率为

$$S_{p2} = j\omega \left[\frac{b^2}{k^2} - \frac{b(Z_1 + Z_2 + bj\omega L_{s1})}{Z_1 + j\omega L_{s1}} \right] L_{s1} I_1^2 \tag{6-34}$$

当 $b = 0$ 时，变压器二次侧绕组处于开路状态，相当于变压器一次侧自感 L_{s1} 串入主回路限流，变流器的输送功率为零。

（3）模式三：I_2 的幅度不变，调节相位

根据式（6-28），短路电流的稳态值可表示为

$$I_{1f} = \left| \frac{U_s + j\omega M_s I_2}{Z_1 + j\omega L_{s1}} \right| \tag{6-35}$$

以 I_2 和 U_s 夹角 α 为目标进行 $360°$ 调相，当调节到 $\alpha = 90°$（I_2 超前 U_s 时 α 为正），$j\omega M_s I_2$ 与 U_s 完全反向，此时系统主回路中除了限流电感 L_{s1}，还等效接入了幅值为 $\omega M_s I_2$ 的反向电压源，限流效果是三种工作模式中最好的。

假设调相后的 I_2 满足关系 $j\omega M_s I_2 = -c U_s$，将其代入式（6-29）推出限流器在模式三下（$\alpha = 90°$）的限流阻抗为 $Z_{SFCL3} = \dfrac{c Z_1}{1-c} + \dfrac{j\omega L_{s1}}{1-c}$，变流器的输送功率则为 $S_{p3} = \left[\dfrac{j\omega L_{s1}}{k^2} + \dfrac{(c-c^2)(Z_1+Z_2)}{Z_1 + j\omega L_{s1}} \right] I_1^2$。因 $j\omega M_s I_2$ 与 U_s 呈反向的关系，c 为正的标量常数，其值为 $c = \dfrac{\omega M_s I_2}{U_s} = \dfrac{\omega L_{s1} I_1}{U_s} = \left| \dfrac{\omega L_{s1}}{Z_1 + Z_2} \right|$。

从上述的理论解析中得出：在变压器一、二次侧线圈自感确定的情况下，互感耦合系数 k 越高，初始补偿电流越小，有助于降低二次侧所接电源的容量，也有助于减小变流器在系统正常运行及限流运行时的输出功率。k 的高低并不会影响到限流器的稳态限流阻抗，进而不会影响限流效果。为此，考虑采用空心式超导变压器，它与常规变压器及铁心式超导变压器相比，不存在铁心损耗且具有更小的体积和重量，可消除限流装置因承受过大短路电流而磁通饱和的隐患，使得限流阻抗有良好的线性度。针对空心超导变压器漏磁较大、耦合系数相对不高的特点，实际应用中可通过选取一、二次线圈绕组交错排列的结构，在一定程度上提高其耦合系数。

基于限流工作原理的讨论，可知电压补偿型有源超导限流器具有以下优点。

（1）变压器的隔离，使得电力电子器件中不会通过短路电流，避免了短路电流的直接冲击，变流器功率设计的灵活度亦得到了加强。

（2）短路故障发生的瞬间，变压器二次侧注入电流维持先前补偿值不变，装置将自动运行在限流模式一，限流器响应无时延。当注入电流的幅值及相位被调节之后，有源超导限流器将切换至模式二或者模式三，限流能力得到进一步加强。

（3）限流机理上不是基于超导体的失超，不存在失超恢复，能重复性动作，配合系统重合闸。

（4）串联空心超导变压器具有损耗低、体积小、重量轻的优点，并始终工作在非饱和状态，避免了磁路饱和所带来的谐波，且保证了限流阻抗的线性度[30]。

6.3.2　电压补偿型有源超导限流器的电流控制

为有效实现电压补偿型有源超导限流器的限流特性，必须灵活合理地对超导变压器二次侧注入电流加以控制，继而对 PWM 变流器的电流控制方式提出了要求。

对于 PWM 变流器而言，当前应用最为广泛的两种电流控制方式为滞环 PWM 电流控制和固定开关频率 PWM 电流控制，下面对这两种控制方式分别进行介绍。

滞环电流控制是一种简单的 bang-bang 控制，它集电流控制与 PWM 于一体，其控制思想是将实际电流与指令电流的上、下限相比较，两者交点作为开关点，而指令电流的上、下限形成一个滞环，具体原理图如图 6.14 所示。

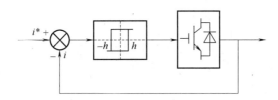

图 6.14　滞环电流控制原理图

设电流指令信号为 i^*，电流反馈信号为 i，滞环宽度为 h。当 $i-i^* > h$ 时，通过调节变流器中对应开关器件的开关状态，控制其输出电流开始减小；当 $i-i^* < h$ 时，则控制开关器件的开关信号使得其输出电流开始增大。如此往复，反馈电流 i 总在 $i^* \pm h$ 的范围内变化，图 6.15 所示为采用滞环控制的电流轨迹。

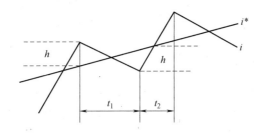

图 6.15　采用滞环控制的电流轨迹

假设电流给定信号为 $i^* = I\sin(\omega t + \theta)$，变流器的直流侧电压为 U_d，在交流侧所接负载电感为 L 的情况下，可得如下方程式

$$\begin{cases} t_1 = \dfrac{2hL}{U_d + I\omega L\cos(\omega t + \theta)} \\[3mm] t_2 = \dfrac{2hL}{U_d - I\omega L\cos(\omega t + \theta)} \end{cases} \tag{6-36}$$

PWM 变流器的开关频率则可表示为

$$f_s = \frac{1}{t_1 + t_2} = \frac{U_d^2 - I^2 \omega^2 L^2 \cos^2(\omega t + \theta)}{4hL\,U_d} \qquad (6\text{-}37)$$

基于式（6-37）可知，采用滞环 PWM 电流控制方式时，开关器件的频率通常都不固定，其值会随着直流侧电压 U_d、交流侧负载电感 L、滞环宽度 h 及给定电流信号 i^* 的变化而变化，其近似的取值范围为 $\left[\dfrac{U_d^2 - I^2 \omega^2 L^2}{4hL\,U_d}, \dfrac{U_d}{4hL}\right]$。

滞环 PWM 电流控制方式具有如下特点：①硬件电路相对简单；②电流响应迅速，属于实时控制及闭环控制；③无需载波，输出电压中不会含有特定频率的谐波成分；④与调制法及计算法相比，在同等的开关频率下输出电流的高次谐波成分较多；⑤若滞环宽度保持恒定不变，则给定电流与反馈电流的误差范围是固定的，但开关频率是变化的。

固定开关频率 PWM 电流控制是指 PWM 载波（一般为三角波）频率保持不变，根据给定电流 i^* 和反馈电流 i 算出电流误差 $\Delta i = i^* - i$，经 PI 调节器后与 PWM 载波进行比较，产生 PWM 信号以驱动变流器，其电流控制方式的原理如图 6.16 所示。

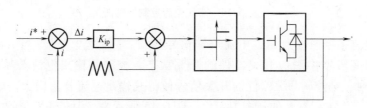

图 6.16　固定开关频率 PWM 电流控制原理图

给定电流与反馈电流形成的偏差，经比例积分放大器之后再与固定频率的 PWM 载波比较，进而产生开关信号，由此形成一个将偏差调节为最小的控制系统，同时也避免了开关频率的波动。

固定开关频率 PWM 电流控制具有如下特点：①硬件电路相对较复杂；②给定电流与反馈电流之间可能存在一个周期性的幅值和相位误差；③输出波形中含有与 PWM 载波相同频率的谐波；④放大器的增益有限，过大则会影响控制系统的稳定性；⑤开关频率是固定的，其值等于 PWM 载波的频率。

滞环 PWM 电流控制与固定开关频率 PWM 电流控制各有可取之处。鉴于前者的开关频率不固定，滤波处理较困难，加上跟踪效果和开关频率间的矛盾，固定开关频率 PWM 电流控制作为变流器的控制方式更合适[30]。

6.3.3　电压补偿型有源超导限流器故障检测算法

根据电压补偿型有源超导限流器的工作原理，从故障发生到变压器二次侧电流被相应调节的这段时间里，有源超导限流器将运行在限流模式一下，此工作模式属于自动触发，无需故障检测。若要有源超导限流器切换至限流能力更强的模式二或者模式三，则需故障检测装置驱动变流器跟踪调幅或者调相后的电流指令信号。

通常而言，故障检测装置需要满足两大要求，即为快速性及高可靠性。不过对于电压补偿型有源超导限流器来说，在故障检测驱动其切换至模式二或者模式三之前，模式一已经自动触发并对短路电流加以抑制，故此提高了故障检测的时间裕度，降低了对检测快速性的要求，使得故障检测的可靠性成了关键需求。

动态电压恢复器中检测电压凹陷与故障限流器中检测电流上升，从一定意义上来说，性质上是相同的，两者均是反映在非正常运行状态下，系统参量的改变。因此可以从动态电压恢复器中几种常见的检测电压凹陷方法，经适当修改之后应用于检测电流上升，下面对这些电流检测算法进行介绍解析及优缺点评价。

1. 峰值电流法

该检测方法是基于计算分析线路电流中每个采样点的斜率，当发现斜率为零时，该点即为电流峰值，然后将该峰值与参考电流阈值进行比较，来判断是否发生故障。

电流函数 $i = i(t)$ 的极值点即为电流峰值所对应的点，而由于连续函数在极值点的导数为零，进而能够依靠求取电流函数的导数来获得电流峰值，如式 (6-38) 所示。

$$i'(t) = \frac{i_t - i_{t-\Delta t}}{\Delta t} \tag{6-38}$$

式中，i_t 和 $i_{t-\Delta t}$ 分别对应于 t 时刻及 $t - \Delta t$ 时刻的电流瞬时值。

该检测方法的优越之处在于原理简单、易于实现，能够获取电流上升的深度和起止时刻，其缺点则在于往往需要半个周期来获得电流上升的信息，且不能检测出故障瞬间电流相角的跳变，此外还会受到干扰信号的影响。

2. 缺损电流法

缺损电流指的是期望瞬时电流和实际瞬时电流之间的差值。期望瞬时电流可以基于系统正常运行时测量的电流进行外推得到，将其设定为 $i_p(t)$，它能够反映出电流在故障之前的频率、幅值以及相位。故障之后的实际电流设定为 $i_s(t)$，于是任一瞬时的缺损电流 $m(t)$ 可表示为

$$m(t) = i_p(t) - i_s(t) \tag{6-39}$$

根据三角函数的计算特性，两个具有相等频率的正弦波的和或者差为另一个可能具有不同相位的正弦波。于是，只要 $i_s(t)$ 为正弦波，则 $m(t)$ 也将是正弦波。令

$$\begin{cases} i_p(t) = A_p\sin(\omega t - \phi_p) \\ i_s(t) = A_s\sin(\omega t - \phi_s) \end{cases} \tag{6-40}$$

式中，A_p、A_s 和 ϕ_p、ϕ_s 分别为期望电流和实际电流的幅值及相角。设定两电流具有相等的工作频率，则 $m(t)$ 可进一步改写为

$$m(t) = A\sin(\omega t - \psi) \tag{6-41}$$

式中，$A = \sqrt{A_p^2 + A_s^2 - 2A_pA_s\cos(\phi_p - \phi_s)}$，$\psi = \arctan\dfrac{A_p\sin\phi_p - A_s\sin\phi_s}{A_p\cos\phi_p - A_s\cos\phi_s}$。

缺损电流法的前提在于假设故障后的电流波形为正弦波形，这在实际工况中难以满足。故障电流中大都存在一个衰减的直流分量，其初值大小同短路发生时刻电源电势的相位角、短路前系统电流幅值及电路阻抗角有关，衰减分量的存在致使电流波形的中点发生偏移，不再是单纯的正弦波形。此外，故障后的电流可能还会伴随一些波形畸变及失真，其波形是无法准确预知的。

3. 基于瞬时无功功率理论的 dq0 变换方法

基于瞬时无功功率理论的 dq0 变换方法的基本原理为，对 abc 坐标系下的三相电量（电压或电流）进行派克变换，将 abc 坐标系下的三相电量转换成 dq0 坐标系下的相应分量，如式（6-42）所示。

$$\begin{pmatrix} I_d \\ I_q \\ I_0 \end{pmatrix} = C\begin{pmatrix} i_A(t) \\ i_B(t) \\ i_C(t) \end{pmatrix} \tag{6-42}$$

式中，C 为派克变换矩阵，其表达式为

$$C = \sqrt{\frac{2}{3}}\begin{pmatrix} \sin\omega t & \sin(\omega t - 120°) & \sin(\omega t + 120°) \\ -\cos\omega t & -\cos(\omega t - 120°) & -\cos(\omega t + 120°) \\ \sqrt{\frac{1}{2}} & \sqrt{\frac{1}{2}} & \sqrt{\frac{1}{2}} \end{pmatrix} \tag{6-43}$$

对于一理想的三相三线制系统，假设系统的三相电流为式（6-44）。经 dq0 变换后可得：$I_d = \sqrt{3}I$，$I_q = I_0 = 0$，其中 d 轴直流分量反映了三相电流的有效值。采取相应措施获取 d 轴直流分量，并将其与参考电流相比较，即能掌握系统的工作运行状态。但是，此种 dq0 检测方法只适用于检测三相对称电流，而无法检测不对称电流。

$$\begin{cases} i_A(t) = \sqrt{2}I\sin(\omega t) \\ i_B(t) = \sqrt{2}I\sin(\omega t - 120°) \\ i_C(t) = \sqrt{2}I\sin(\omega t + 120°) \end{cases} \tag{6-44}$$

结合三相三线制电路的特点，可考虑以单相电流为参考信号，从中构造出一虚拟三相电流。以 A 相电流 I_A 为例，具体操作方法为：将 i_A 延时 60° 得到

$-i_C$，由 $i_B = -i_A - i_C$ 算出 i_B，继而从单相电流 i_A 虚拟构造出三相电流 i_A、i_B、i_C。分析一般情况，设定正常运行时电流基波有效值为 I，初始相位为零，扰动信号 n 次谐波的有效值为 I_n，初始相位为 θ_n，并按指数规律 $e^{-\beta_n t}$ 衰减，则有

$$i_A(t) = \sqrt{2}I\sin\omega t + \sum \sqrt{2}I_n \sin(n\omega t + \theta_n) e^{-\beta_n t} \tag{6-45}$$

短路故障时，电流的相位和幅值均会发生变化，而且电流组成中除了包含周期性的交流分量，还会存在一个呈指数衰减的直流分量。

假设相位变化为 α_f，幅值跳变为 I_f，所含直流分量为 $I_0 e^{-\frac{t}{T_a}}$（T_a 为故障电路的时间常数），并仍含有之前的高频分量，则故障电流 i_{af} 可表示为

$$i_{af}(t) = I_0 e^{-\frac{t}{T_a}} + \sqrt{2}I_f \sin(\omega t + \alpha_f) + \sum \sqrt{2}I_n \sin(n\omega t + \theta_n) e^{-\beta_n t} \tag{6-46}$$

对故障电流 $i_{af}(t)$ 进行狭窄带通滤波，得到其基波分量，然后以此为参考电流信号，根据式（6-47）对虚拟三相电流进行 dq0 变换。

$$\begin{pmatrix} I_{df} \\ I_{qf} \\ I_{0f} \end{pmatrix} = C \begin{pmatrix} \sqrt{2}I_f \sin(\omega t + \alpha_f) \\ \sqrt{2}I_f \sin(\omega t + \alpha_f - 120°) \\ \sqrt{2}I_f \sin(\omega t + \alpha_f + 120°) \end{pmatrix} = \begin{pmatrix} \sqrt{3}I_f \cos\alpha_f \\ -\sqrt{3}I_f \sin\alpha_f \\ 0 \end{pmatrix} \tag{6-47}$$

因 I_{df} 和 I_{qf} 经实测计算是已知量，以此得出短路电流的基波幅值和相位跳变为式（6-48）。以基波幅值的突然变化作为发生短路故障的主要标志，设定一阈值 I_T，如果检测到基波幅值大于等于 I_T，则判定故障，反之则认为系统处于正常运行状态。

$$\begin{cases} I_f = \dfrac{\sqrt{3}}{3}\sqrt{I_{df}^2 + I_{qf}^2} \\ \alpha_f = \sin^{-1}\left(-\dfrac{I_{qf}}{\sqrt{I_{df}^2 + I_{qf}^2}}\right) \end{cases} \tag{6-48}$$

基于 dq0 变换的检测算法本身具有很好的实时性，只是虚拟三相的引入使得故障检测中会存在一个时间为 1/6 个工频周期的固有延迟，另外带通滤波器的使用也会增加些许时延。鉴于电压补偿型有源超导限流器对故障检测时间的要求并不是很高，加上 dq0 检测算法易于实现且在电力系统中应用广泛，因此作为有源超导限流器的故障检测算法更适合[30]。

6.4　三相电抗器型超导限流器

三相电抗器型超导限流器由三个同匝数的超导绕组绕在单一铁心上组成，正常工作时阻抗为零。当发生接地短路时，三相电抗器型超导限流器相当于一个大电感，若该电感的电抗足以将故障电流限制到超导线圈的临界电流以内，等效阻抗就是该电抗，否则，线圈失超，等效阻抗的实部为线圈正常态电阻，

虚部为电抗。当发生三相或两相短路时，电路电流急剧上升，超导线圈超导体会在微秒时间内失超，超导线圈转变为普通线圈，等效阻抗等于超导线圈正常态电阻值。图 6.17 是将三相电抗器型超导限流器（点画线内所示）接入电网的示意图。

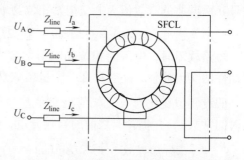

图中 Z_{line} 为线路阻抗，U_A、U_B、U_C 分别为三相电压，I_a、I_b、I_c 分别为三相电流。

三相电抗器型超导限流器在各种运行状况下所表现出的阻抗特性

图 6.17　三相电抗器型超导限流器的电路图

均不相同，设每相超导线圈的匝数 N，线圈超导态的电阻 R_s（近似为零），正常态的电阻 R_n，超导限流器的等效阻抗 Z_{eq}，铁心的截面积 S，磁路路径长度 l（这里是环的平均周长），铁心的磁导率 μ。

正常工作时，三相电流对称，有

$$I_a + I_b + I_c = 0 \tag{6-49}$$

铁心中的磁通势为

$$\sum F_m = N I_a + N I_b + N I_c = 0 \tag{6-50}$$

则铁心内的磁通量为

$$\sum f = BS = \mu HS = \mu S \sum F_m / l \tag{6-51}$$

式中，B 为磁感应强度，H 为磁场强度。于是，各相在绕组上的电压降 U_F 为

$$U_F = R_s I + N \frac{d \sum f}{dt} = R_s I \approx 0 \tag{6-52}$$

因此，超导限流器上没有电压降，即等效阻抗 Z_{eq} 为零，它对系统无影响。

下面分析三相电抗器型超导限流器在不同故障状态下其铁心内的磁通变化及相应的阻抗公式，并将其与传统电抗器型限流器进行对比。

6.4.1　不同短路故障下阻抗计算

1. 对称短路

当系统发生三相短路，系统中的电流、电压仍然对称，由上可知，若三相电流对称，等效阻抗的电抗分量为零，此时短路电流将超过线圈的临界电流值，线圈失超，电流被超导体正常态电阻值 R_n 所限制，即 $Z_{eq} = R_n$，其值为

$$R_n = \rho_n L_{sc} J_c / I_c \tag{6-53}$$

式中，ρ_n 为超导体的正常态电阻率，L_{sc} 为每相超导线圈的长度，J_c 为超导线的临界电流密度，I_c 为超导线的临界电流。因此，在下面的分析中，只需研究故障电流的零序分量。

2. 两相短路

在计算短路电流时，可以假设故障前为空载，即负荷略去不计，只计算故障电流的基频周期分量。假设 B、C 相短路，令

$$\begin{cases} \boldsymbol{I}_a = \boldsymbol{0} \\ \boldsymbol{I}_b = \boldsymbol{I}_c = \dfrac{\boldsymbol{U}_B - \boldsymbol{U}_C}{2\,\boldsymbol{Z}_{line}} \end{cases} \tag{6-54}$$

根据对称分量法有

$$\begin{pmatrix} \boldsymbol{I}_{a1} \\ \boldsymbol{I}_{a2} \\ \boldsymbol{I}_{a0} \end{pmatrix} = \frac{1}{3} \begin{pmatrix} 1 & a^2 & a \\ 1 & a & a^2 \\ 1 & 1 & 1 \end{pmatrix} \begin{pmatrix} \boldsymbol{I}_a \\ \boldsymbol{I}_b \\ \boldsymbol{I}_c \end{pmatrix} = \frac{\mathrm{j}\,\boldsymbol{I}_b}{\sqrt{3}} \begin{pmatrix} 1 \\ -1 \\ 0 \end{pmatrix} \tag{6-55}$$

式中，$\boldsymbol{I}_{a1}$、$\boldsymbol{I}_{a2}$、$\boldsymbol{I}_{a0}$ 分别为 A 相的正序、负序和零序分量，$a = \mathrm{e}^{\mathrm{j}120°}$。由上式可知 $\boldsymbol{I}_{a0} = 0$，因而，两相短路时的阻抗与三相短路时相同，即：$Z_{eq} = R_n$。

3. 单相接地短路

设 A 相接地短路，令

$$\begin{cases} \boldsymbol{I}_b = \boldsymbol{I}_c = \boldsymbol{0} \\ \boldsymbol{I}_a = \dfrac{\boldsymbol{U}_a}{\boldsymbol{Z}_{line} + \boldsymbol{Z}_g} = I_m \sin(\omega t + \psi) \end{cases} \tag{6-56}$$

式中，Z_g 为接地阻抗，ψ 为初相角。

同理

$$\begin{pmatrix} \boldsymbol{I}_{a1} \\ \boldsymbol{I}_{a2} \\ \boldsymbol{I}_{a3} \end{pmatrix} = \frac{1}{3} \begin{pmatrix} 1 & a^2 & a \\ 1 & a & a^2 \\ 1 & 1 & 1 \end{pmatrix} \begin{pmatrix} \boldsymbol{I}_a \\ \boldsymbol{I}_b \\ \boldsymbol{I}_c \end{pmatrix} = \frac{\boldsymbol{I}_a}{3} \begin{pmatrix} 1 \\ 1 \\ 1 \end{pmatrix} \tag{6-57}$$

于是

$$\boldsymbol{I}_{a0} = \frac{\boldsymbol{I}_a}{3} \tag{6-58}$$

$$\sum \boldsymbol{F}_m = N \boldsymbol{I}_{a0} + N \boldsymbol{I}_{b0} + N \boldsymbol{I}_{c0} = 3N \boldsymbol{I}_{a0} = N \boldsymbol{I}_a \tag{6-59}$$

$$\boldsymbol{U}_{FA} = R_s \boldsymbol{I}_a + N \frac{\mathrm{d}\sum \boldsymbol{f}}{\mathrm{d}t} \approx N \frac{\mathrm{d}\sum \boldsymbol{f}}{\mathrm{d}t} = \frac{N^2 \mu S}{l} \frac{\mathrm{d}\boldsymbol{I}_a}{\mathrm{d}t} \tag{6-60}$$

等效阻抗的大小 Z_{eq} 为

$$|\boldsymbol{Z}_{eq}| = \left| \frac{\boldsymbol{U}_{FA}}{\boldsymbol{I}_a} \right| = \frac{N^2 \mu S}{l} \omega \tag{6-61}$$

此短路相相当于串联了一个电感 $N^2 \mu S/l$，若该电感不足以将短路电流限制到超导线圈的临界电流之内。线圈将失超时，$Z_{eq} = R_n + \mathrm{j}\,N^2 \mu S\omega/l$。

4. 两相接地短路

两相接地短路的复序网络如图 6.18 所示。

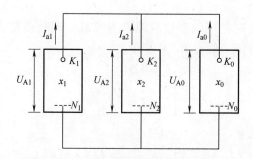

图 6.18　两相接地短路的复合序网

图中 x_1、x_2、x_0 分别为总的正序阻抗、负序阻抗和零序阻抗，该图忽略了纯电阻。各序电流如下

$$I_{a1} = U_A \Big/ \left[x_1 + \frac{x_2 x_0}{x_2 + x_0} \right] \qquad (6\text{-}62)$$

$$I_{a2} = -\frac{x_0 I_{a1}}{x_2 + x_0} \qquad (6\text{-}63)$$

$$I_{a0} = -\frac{x_2 I_{a1}}{x_2 + x_0} \qquad (6\text{-}64)$$

$$I_b = I_c = \sqrt{3}\sqrt{1 - \frac{x_2 x_0}{(x_2 + x_0)^2}} I_{a1} \qquad (6\text{-}65)$$

$$\sum F_m = N I_{a0} + N I_{b0} + N I_{c0} = -\frac{3 N x_2 I_{a1}}{x_2 + x_0} \qquad (6\text{-}66)$$

$$\sum F_m = \frac{\sqrt{3} x_2 N}{\sqrt{(x_0 + x_2)^2 - x_0 x_2}} I_b \qquad (6\text{-}67)$$

$$\sum \phi = \frac{N \mu S}{l} \frac{\sqrt{3} x_2}{\sqrt{(x_0 + x_2)^2 - x_0 x_2}} \qquad (6\text{-}68)$$

B 相的电压降为

$$U_{FB} = R_s I_b + N \frac{d\sum f}{dt} \approx N \frac{d\sum f}{dt} = \frac{N^2 \mu S}{l} \frac{\sqrt{3} x_2}{\sqrt{(x_0 + x_2)^2 - x_0 x_2}} \frac{d I_b}{dt} \qquad (6\text{-}69)$$

$$\left| \frac{U_{FB}}{I_b} \right| = \frac{N^2 \mu S}{l} \frac{\sqrt{3} x_2}{\sqrt{(x_0 + x_2)^2 - x_0 x_2}} \omega \qquad (6\text{-}70)$$

即 B 相增加的阻抗的大小为

$$\left| Z_{eq} \right| = \frac{N^2 \mu S}{l} \frac{\sqrt{3} x_2}{\sqrt{(x_0 + x_2)^2 - x_0 x_2}} \omega \qquad (6\text{-}71)$$

同理，可求得 C 相等效阻抗，其值与 B 相的一样。因此，在发生两相接地

短路时，在各短路相串联了一个电感 $\dfrac{N^2\mu S}{l}\dfrac{\sqrt{3}x_2}{\sqrt{(x_2+x_0)^2-x_2x_0}}\omega$。

综上所述，正常运行时，三相电流之和为零，铁心内的磁通量为零，电抗器呈现出非常小的阻抗。在发生接地短路故障时，三相电流失去平衡，电抗突然增大，故障电流被大电抗所限制，一般情况下，超导绕组不会失超。在发生二相或三相短路时，其电抗不会增大，绕组会因为电流超过临界值而失超，失超后，电流被超导体的正常态电阻所限制。

6.4.2 与传统限流电抗器的比较

从结构来看，传统限流电抗器采用的是空心式分裂电抗器。正常工作时，分裂电抗器两臂电流方向相反，而两臂线圈绕向相同，由于互感的影响，每臂的有效电抗很小，压降不大。当其中一臂所接线路发生短路故障时，电流急剧增大，而另一臂的电流却不大，对短路臂的互感影响可以忽略，短路臂的有效电抗很大，从而限制短路电流。这种电抗器通常都是混凝土结构，线圈绕好后，用混凝土浇装成牢固的整体，制造工艺简单，成本低，但重量大，而且由于一个电抗器只能对一相的短路进行限制，因而对三相系统而言，需要三个同样的电抗器，总体积大。

三相电抗器型超导限流器的结构比传统限流电抗器更复杂，而且还需将超导线圈浸在冷冻箱的液氮（或液氦）中，因此制造工艺也更为复杂，成本高，但重量轻，对于三相系统只需一个这样的限流器即可，体积小。

从能耗来看，传统限流电抗器采用的普通良导体（铝或铜）电缆绕组，仍具有一定的电阻，因此正常运行时具有一定的损耗，例如额定电流为2kA、电压为6kV 的传统限流电抗器在每臂中流过 2kA 时，每相损耗为9.2kW，运行费用较高。

三相电抗器型超导限流器采用的是超导绕组，正常运行时，线圈电阻为零，而且铁心内合成磁通为零，因此，线圈电阻损耗、铁心涡流损耗和迟滞损耗均为零，运行费用仅由制冷机的功率决定。它取决于冷冻箱内壁的热辐射 P_{rad} 和电流引出线的热传导产生的损耗 P_{lead}，分别为

$$P_{rad}=\varepsilon_r\sigma A_D(T^4-T_0^4) \tag{6-72}$$

$$P_{lead}=2I\sqrt{\Delta T\rho_n k} \tag{6-73}$$

式中，ε_r 为总辐射率，采用极好的绝缘材料（Super-Insulation）可取 0.003；A_D 为冷冻箱内壁面积；T_0 为液氮温度（77K）；T 为室温（取300K）；σ 为斯蒂芬-波尔兹曼常数，等于 $5.67\times10^{-8}Wm^{-2}K^{-4}$；$I$ 为电流大小；ΔT 为温度差（K）；ρ_n 为引出线的电阻率（铜为$0.25\times10^{-8}\Omega m$）；$k$ 为热传导率（铜为 550 WK^{-1}m^{-1}）。对于一个电压20kV、电流4kA 混合型超导限流器，在包含自场损耗时，

冷冻机的功率都只有 300W，因此，三相电抗器型超导限流器与分裂限流电抗器相比，运行费用小得多。

从限流效果看，传统限流电抗器是靠电感限制短路电流，其响应是电磁变化，具有瞬时性，三相电抗器型超导限流器在单相接地短路时，一般也是靠电感限制短路电流，同样具有瞬时性，因而响应速度两者相近。但是，由于三相电抗器型超导限流器的超导线圈是绕在高磁导率的铁心上，其电感很大，而传统限流电抗器是空芯电抗器，要达到相同的电感值，线圈匝数要大大增多，正常工作时损耗加大，供电质量降低。在三相短路或两相短路时，三相电抗器型超导限流器依靠超导线圈的正常态电阻限制短路电流，而超导体的失超转换时间只有微秒级，与系统电流的周期相比可以忽略不计[40-45]。

6.5 本章小结

本章对桥路型、磁屏蔽型、有源型、三相电抗器型等类型超导限流器的工作原理和技术特点进行了介绍。其中桥路型超导限流器可以分为基本式、电阻辅助式、互感式以及混合式等多种结构，特点是在系统无故障情况下对系统几乎无影响，一旦系统发生负载短路故障时，能够立刻呈现一个大阻抗，起到限流效果。磁屏蔽型超导限流器的主要优点是二次绕组是短接的，不需要电流引线，降低了功率损耗，且不需极细的超导丝，只要一个不太长的超导管，工艺上易于实现。电压补偿型超导限流器的特别的优点是，在限流机理上不是基于超导体的失超，不存在失超恢复，能重复性动作，配合系统重合闸。三相电抗器型超导限流器的超导线圈绕在高磁导率的铁心上，与传统限流空芯电抗器相比，达到相同的电感值，线圈匝数能大大减小，可以大大降低正常工作时的损耗，提高供电质量降低。

参 考 文 献

[1] 余江，段献忠，何仰赞. 不同结构超导故障限流器在电力系统中的应用研究 [J]. 电力系统自动化，2001，25（12）：42-44.

[2] 张东亮. 超导限流装置的研究 [D]. 北京：北京交通大学，2010.

[3] 张志丰. 桥路型高温超导限流器的研究 [D]. 北京：中国科学院研究生院（电工研究所），2006.

[4] 叶林，林良真. 桥式超导故障限流器的短路试验研究 [J]. 电力系统自动化，1999，23（18）：9-11.

[5] 朱青. 桥路型高温超导故障限流器及其限流新方法研究 [D]. 长沙：湖南大学，2008.

[6] 朱青，朱英浩，周有庆，等. 改进的双桥混合式桥路型高温超导故障限流器 [J]. 电工技术学报，2007，22（2）：39-44.

[7] 张晚英，周有庆，赵伟明，等. 改进桥路型高温超导故障限流器的实验研究 [J]. 电工技术学报，2010，25 (1)：70-76.

[8] 马幼捷，王辉，周雪松. 桥式超导故障限流器的研究新进展 [J]. 低温与超导，2007，35 (6)：494-497.

[9] 马幼捷，王辉，陈岚，等. 新型桥式超导故障限流器的仿真研究 [J]. 中国电力，2009 (2)：19-23.

[10] 褚建峰，王曙鸿，邱捷，等. 新型桥式高温超导故障限流器的设计 [J]. 西安交通大学学报，2010，44 (10)：99-104.

[11] 刘尚，张志丰，刘昕，等. 一种新型桥式高温超导限流器的研究 [J]. 电气应用，2005，24 (11)：28-31.

[12] 王辉. 新型桥式高温超导限流器的应用研究 [D]. 天津：天津理工大学，2008.

[13] 蒋林. 全控混合桥式超导限流器的设计与验证 [D]. 成都：电子科技大学，2014.

[14] You H, Jin J. Characteristic Analysis of a Fully Controlled Bridge Type Superconducting Fault Current Limiter [J]. IEEE Transactions on Applied Superconductivity, 2016, 26 (7): 1-6.

[15] Noe M, Steurer M. High-temperature superconductor fault current limiters: concepts, applications, and development status [J]. Superconductor science & technology, 2007, 20 (3): R15.

[16] You H, Jin J. Characteristic Analysis of a Fully Controlled Bridge Type Superconducting Fault Current Limiter [J]. IEEE Transactions on Applied Superconductivity, 2016, 26 (7): 1-6.

[17] Hoshino T, Salim K M, Nishikawa M, et al. DC reactor effect on bridge type superconducting fault current limiter during load increasing [J]. IEEE transactions on applied superconductivity, 2001, 11 (1): 1944-1947.

[18] Yazawa T, Yoneda E, Matsuzaki J, et al. Design and test results of 6.6kV high-Tc superconducting fault current limiter [J]. IEEE transactions on applied superconductivity, 2001, 11 (1): 2511-2514.

[19] Lee S, Lee C, Ahn M C, et al. Design and test of modified bridge type superconducting fault current limiter with reverse magnetized core [J]. IEEE transactions on applied superconductivity, 2003, 13 (2): 2016-2019.

[20] 姜燕，张晚英，周有庆. 磁屏蔽感应型超导故障限流器的仿真研究 [J]. 低温物理学报，2008 (4)：365-370.

[21] Kajikawa K, Kaiho K, Tamada N, et al. Magnetic-shield type superconducting fault current limiter with high Tc superconductors [J]. Electrical engineering in Japan, 1995, 115 (6): 104-111.

[22] Joe M, Ko T K. Novel design and operational characteristics of inductive high-Tc superconducting fault current limiter [J]. IEEE transactions on applied superconductivity, 1997, 7 (2): 1005-1008.

[23] Sokolovsky V, Meerovich V, Chubraeva L I, et al. An improved design of an inductive fault

current limiter based on a superconducting cylinder［J］．Superconductor Science & Technology，2010，23（8）：085007．

［24］张晚英．新型超导故障限流器的研究［D］．长沙：湖南大学，2008．

［25］张晚英，周有庆，赵伟明，等．新型磁屏蔽感应型超导故障限流器的研究［J］．低温物理学报，2008，30（2）：161-166．

［26］Zhang G，Wang Z，Qiu M．The improved magnetic shield type high T/sub c/superconducting fault current limiter and the transient characteristic simulation［J］．IEEE transactions on applied superconductivity，2003，13（2）：2112-2115．

［27］Aly M M，Mohamed E A．Comparison between resistive and inductive superconducting fault current limiters for fault current limiting［C］//Computer Engineering & Systems（ICCES），2012 Seventh International Conference on．IEEE，2012：227-232．

［28］Kozak J，Majka M，Kozak S，et al．Design and tests of coreless inductive superconducting fault current limiter［J］．IEEE Transactions on Applied Superconductivity，2012，22（3）：5601804．

［29］Hekmati A．Modeling of shield-type superconducting fault-current-limiter operation considering flux pinning effect on flux and supercurrent density in high-temperature superconductor cylinders［J］．Journal of Superconductivity and Novel Magnetism，2014，27（3）：701-709．

［30］陈磊．电压补偿型有源超导限流器的研究［D］．武汉：华中科技大学，2010．

［31］陈磊，唐跃进，石晶，等．有源超导限流器的工作特性分析［J］．稀有金属材料与工程，2008，37（A04）：226-230．

［32］陈丹菲，赵彩宏．电流补偿型超导限流器的研究［J］．电气传动，2005，35（4）：41-44．

［33］张国瑞．电压补偿型有源超导限流器的控制系统及其实验研究［D］．武汉：华中科技大学，2011．

［34］莫颖斌，周羽生，宋萌，等．电压补偿型超导限流器在三相电网中的故障限流特性［J］．低温与超导，2013，41（3）：53-56．

［35］周羽生，莫颖斌，宋萌，等．空心超导变压器参数对电压补偿型超导限流器性能的影响［J］．电气开关，2013（2）：17-20．

［36］周羽生，胡鑫，施方圆，等．电压补偿型超导限流器对电流保护的影响［J］．低温与超导，2011，39（10）：1-6．

［37］Chen L，Tang Y J，Shi J，et al．Effects of a voltage compensation type active superconducting fault current limiter on distance relay protection［J］．Physica C：Superconductivity，2010，470（20）：1662-1665．

［38］Song M，Tang Y，Zhou Y，et al．Electromagnetic characteristics analysis of air-core transformer used in voltage compensation type active SFCL［J］．IEEE Transactions On Applied Superconductivity，2010，20（3）：1194-1198．

［39］Chen L，Tang Y J，Shi J，et al．Influence of a voltage compensation type active superconducting fault current limiter on the transient stability of power system［J］．Physica C：Superconductivity，2009，469（15）：1760-1764．

［40］Yamaguchi M, Fukui S, Satoh T, et al. Performance of DC reactor type fault current limiter using high temperature superconducting coil ［J］. IEEE Transactions on applied superconductivity, 1999, 9 (2)：940-943.

［41］Nomura T, Yamaguchi M, Fukui S, et al. Single DC reactor type fault current limiter for 6.6kV power system ［J］. IEEE Transactions on applied superconductivity, 2001, 11 (1)：2090-2093.

［42］Hoshino T, Salim K M, Kawasaki A, et al. Design of 6.6kV, 100A saturated DC reactor type superconducting fault current limiter ［J］. IEEE transactions on applied superconductivity, 2003, 13 (2)：2012-2015.

［43］Jin J X, Chen X Y, Xin Y. A superconducting air-core DC reactor for voltage smoothing and fault current limiting applications ［J］. IEEE Transactions on Applied Superconductivity, 2016, 26 (3)：1-5.

［44］张绪红，周有庆，朱青，等. 三相电抗器型高温超导限流器的阻抗与动态仿真 ［J］. 低温物理学报，2003, 25 (3)：235-239.

［45］张绪红，超导故障限流器的研究 ［D］. 长沙：湖南大学，2003.